海洋生态灾害
应急管理思路与对策
——以赤潮、绿潮、海洋溢油为例

冯有良◎著

中国纺织出版社

内 容 提 要

海洋生态灾害属于自然灾害，其频繁发生破坏海洋生态环境，在很大程度上阻碍海洋经济持续健康稳定发展，已经成为当今须需解决的重大问题。本书综合运用海洋经济学、管理学、灾害学、海洋资源管理等多学科知识，在厘清基本概念、成灾机理的基础上，充分分析海洋生态灾害应急管理机制主体角色分工、行为模式；结合典型海洋生态灾害案例，分析管理流程以及管理制度，以赤潮、绿潮、海上溢油等海洋生态灾害为例，并在借鉴国外海洋灾害应急管理经验的基础上，探索我国海洋灾害应急管理实现路径，研究山东省海洋生态灾害应急管理体系中应急机制系统架构、应急机制运行机理、应急机制保障实施路径及推进策略等内容；为有效应对赤潮等海洋生态灾害不利影响、提升应急管理效率、降低海洋生态灾害损失提供一定的理论支撑，同时也为海洋灾害应急管理科学研究提供必要的参考与借鉴。本书论述严谨，结构合理，条理清晰，内容丰富新颖，可读性强，是一本值得学习研究的著作。

图书在版编目（CIP）数据

海洋生态灾害应急管理思路与对策：以赤潮、绿潮、海洋溢油为例/冯有良著.--北京：中国纺织出版社，2019.5（2022.1 重印）

ISBN 978-7-5180-4082-7

Ⅰ.①海… Ⅱ.①冯… Ⅲ.①海洋生态学—应急对策—研究—中国 Ⅳ.①Q178.53

中国版本图书馆 CIP 数据核字（2017）第 231763 号

责任编辑：姚 君　　　　　　　　　　责任印制：储志伟

中国纺织出版社出版发行

地址：北京市朝阳区百子湾东里 A407 号楼　邮政编码：100124

销售电话：010—67004422　传真：010—87155801

http://www.c-textilep.com

E-mail：faxing@c-textilep.com

中国纺织出版社天猫旗舰店

官方微博 http://www.weibo.com/2119887771

北京虎彩文化传播有限公司　　　各地新华书店经销

2019 年 5 月第 1 版　　2022 年 1 月第 6 次印刷

开本：710×1000　1/16　印张：13.5

字数：175 千字　定价：61.00 元

前　言

海洋生态灾害属于自然灾害,其频繁发生破坏海洋生态环境,在很大程度上阻碍海洋经济持续健康稳定发展,已经成为当今亟须解决的重大问题。本研究综合运用海洋经济学、管理学、灾害学、海洋资源管理等多学科知识,在厘清基本概念、成灾机理的基础上,充分分析海洋生态灾害应急管理机制主体角色分工、行为模式;结合典型海洋生态灾害案例、分析管理流程以及管理制度,以赤潮、绿潮、海上溢油等海洋生态灾害为例,并在借鉴国外海洋灾害应急管理经验的基础上,探索我国海洋灾害应急管理实现路径,研究山东省海洋生态灾害应急管理体系中应急机制系统架构、应急机制运行机理、应急机制保障实施路径及推进策略等内容,为有效应对赤潮等海洋生态灾害不利影响、提升应急管理效率、降低海洋生态灾害损失提供一定的理论支撑,同时也为海洋灾害应急管理科学研究提供必要的参考与借鉴。

本书共分为十章。第 1 章探析灾害应急机制的内涵,辨识灾害应急机制的显著特征,为构建高效海洋生态灾害应急机制奠定了基础。第 2 章从海洋生态灾害的孕灾环境、致灾因子、成灾链条、灾后影响等角度,辨识赤潮、绿潮、溢油海洋生态灾害的成灾机理及其特征。第 3 章通过案例分析海洋生态灾害应急机制的特殊要求及制定原则。第 4 章主要介绍海洋生态灾害应急管理流程及其应急作用机理,从流程过程及作用机理分析中,找出每个流程之间的联系,为应急主体的分工做好理论基础。第 5 章介绍海洋生态灾害过程各应急行为主体的构成及其角色分工,传统应急主体存在条块分割现象,各部门衔接不紧密的缺点;新的应急主体应以系统、精简、利益协调为原则，各应急主体相互协调响应，公共利益和私人利益合理协调，才能更好地带动各主体发挥其作用。第 6 章以赤潮为例，讨论现有灾害检测预报技术。第 7 章总结分析美国、英国、日本和俄罗斯四国在海洋灾害应急管理方面的做法。第 8 章探讨我国海洋灾害应急管理实现路径。第 9 章论述山东半岛蓝色经济区海洋生态灾害应急机制运行的制度需求分析。在分析现有应急制度问题的基础上，提出了海洋生态灾害运行机制的制度需求。第 10 章论述山东省海洋生态灾害应急方案实施的对策。根据海洋生态灾害发生的周期性，提出了每阶段海洋生态灾害的应急管理对策。

本书得到科技部国家星火计划项目（2015GA740058）、山东省软科学项目（2016RKB01169）、潍坊学院博士基金项目（2014BS19）的资助与支持，在此鸣谢。

此外，作者对本书所引用参考文献的作者表示感谢。

感谢我们的家庭给予的支持与理解。

感谢所有关心和支持本书撰写和出版的人们。

由于海洋灾害应急管理领域的问题均为棘手难题，作者倾其全力权且成此拙作，其中定会存在不少缺点甚至错误，故此书仅为抛砖引玉，恳请读者批评指正。

作者

2017 年 6 月于潍坊

目　　录

第 1 章　绪　论

1.1　应急管理内涵

应急管理是一门新兴的学科,同时也是一个复杂的系统工程。20 世纪 90 年代以来,学界针对自然灾害、事故、社会公共事件等突发事件,建立和发展起来应急管理学科。应急管理的对象是突发事件,和应急管理的概念一样,突发事件目前也尚无统一的、普遍接受的概念。通常认为,突发事件就是突然发生的事情:第一,事件发生突然、发展速度很快;第二,常规方法难以应对,只能运用非常规的手段解决。针对突发事件以上两个特点,应急管理必须要涉及诸多环节、诸多要素,而且时效性决定了管理的有效性。从纵向上看,应急管理涉及日常监测与预警、事件评估、应急响应、抢险救灾与救援安置、灾后重建等环节;从横向上讲,应急管理涉及气象、水利电力、地质地震、卫生环保、新闻民政、消防、安全生产监督等诸多政府部门和行业,因此,应急管理是一个社会性系统工程。在应急管理过程中,为了降低突发事件的危害,达到优化决策的目的,对突发事件产生的原因、过程及后果进行分析,并有效集成社会各方面的相关资源,对突发事件进行有效预警、控制和处理。应急管理的根本任务就是对突发事件做出快速有效的应对,因为面对复杂多变的各类突发事件,怎样组织社会各方面的资源,快速有效地防范和控制是解决突发事件扩大蔓延的根本方法[1]。

1.1.1　应急管理概念

"应急管理"来源于英文 emergency management 或者 crisismanagement，目前应急管理没有一个被学界普遍接受的定义，在应急管理理论发展的过程中，针对管理过程、行动、管理职能、理论和方法体系等方面均有文献做出定义。

应急管理运用管理的计划、组织、领导、控制、协调等基本职能，侧重于灾害或突发事件的事前预防、事中控制和事后处理。从短期看，针对自然灾害、事故灾难、公共卫生事件和社会安全事件的应急管理能否取得成效，关键在于制度、技术和管理三个方面。所谓制度，就是总结以往应对突发性事件的经验和教训，借鉴国外先进管理经验，建立和健全全国范围内应对突发性事件预警预防、救助和保障的法律、政策及组织安排体系。所谓技术，就是加快先进科学技术在突发性事件预测预防和救援过程中的应用，把技术转化为应对突发性事件的手段，不断提高人类认识自然、了解自然的能力。所谓管理，就是运用系统工程理论、优化决策理论、博弈理论、计算机信息管理手段，建立基于计算机信息系统的突发性事件应急智能决策支持系统。从长远来看，我们应当深刻思考现有发展方式的科学性、合理性和可持续性。从根本上改变资源过度开发、环境遭受破坏的低级、粗暴的经济发展模式，建立人与自然和谐相处、资源合理利用、生态环境美好的科学发展模式。

综上所述，应急管理是指政府、企业以及其他社会组织，为了保护公众生命财产安全、环境安全和社会秩序，运用制度、技术和管理手段，在突发事件事前、事中、事后所进行的预防、响应、处置、恢复等活动的总称。应急管理贯穿于突发事件的全过程，同时应急管理是政府的核心职能之一。

1.1.2　应急管理理论模型

20 世纪 50 年代以来，西方学者热衷于研究现代危机管理理论,Steven Fink、Robrt Heath 提出了四阶段模型,Ian I. Mitroff 提出五阶段模型,Augustine 提出六阶段模型。这几个理论模型把应急管理过程划分为不同阶段,每个阶段对应不同的任务,具体内容见 2.6.3 章节。

1.1.3 应急管理体系

体系泛指一定范围内或同类事物按照一定的秩序和内部联系组合而成的整体。应急管理体系是一个十分庞大的社会系统工程,应急管理最根本的特点是综合性和全过程性,因此应急管理体系涉及一个国家几乎所有的行业、政府职能部门和社会公众。政府职能部门、军队、非政府组织、企业和社会公众是应急管理的主体,通过管理主体有效的管理为全社会提供公共产品—公共安全;应急管理的客体共有四大类:自然灾害、事故灾难、公共卫生事件、社会安全事件;另外,应急管理是全过程的管理,包括事件发生之前的预防预警、事件发生过程中的控制和事后恢复重建等阶段。

我国应对突发公共事件应急管理体系可归结为"一案三制"。"一案"是指应急预案体系,应急预案是应急管理体系的起点,具有纲领和指南的作用,体现了应急管理主体的应急理念。我国的应急预案体系主要包括以下六类:一是突发公共事件总体应急预案,二是突发公共事件专项应急预案,三是突发公共事件部门应急预案,四是突发公共事件地方应急预案,五是企事业单位应急预案,六是重大活动主办单位制定的应急预案。"三制"分别是指应急组织管理体制、应急运行机制和监督保障法制。

1.2 应急管理特征

突发事件具有突然性和信息的高度缺失性、危害性及蔓延性、主体规律性和多范畴性等几个主要特征。因此，在处理此类事件时，必须在信息高度缺失的状态下做出及时、迅捷的反应，采取尽可能合理、有效的应对措施，协同各种资源和机构，并能够根据现场情况，动态调整应对方案，从而达到有效处置突发事件减少损失的目的[2]。应急管理是一项重要的公共事务，既是政府的行政管理职能，也是社会公众的法定义务，而且又受到法律法规的约束。因此，应急管理必须具备以下特征才可以尽量减少事件造成的损失。

1.2.1 政府主导性和行政强制性

应急管理的主体是政府、企业和其他公共组织，其中政府属于责任主体，起到主导作用。政府的主导作用体现在两个方面：一是法律法规规定了政府的主导性。《中华人民共和国突发事件应对法》规定，县级人民政府对本行政区域内突发事件的应对工作负责，涉及两个以上行政区域的，由有关行政区域共同的上一级人民政府负责，或者由各有关行政区域的上一级人民政府共同负责。二是政府主导性是由政府的行政管理职能决定的。政府掌管行政资源和大量的社会资源，拥有组织严密的行政组织体系，具有强大的社会动员能力，只有由政府主导，才能动员各种资源和各方面力量展开应急管理。

应急管理主要是依靠行使公共权力对突发事件进行管理，公共权力具有强制性，社会成员必须绝对服从。在处置突发事件时，政府应急管理的一些原则、程序和方式将不同于正常状态，权力将更加集中，决策和行政程序将更加简化，一些行政行为将带有更大的强制性。当然，这些非常规的行政行为必须有相应法律法规作保障，应急管理活动既要受到法律法规的约束，需正确行使法律法规赋予的管理权限，同时又可以以法律法规作为手段，规范和约束管理过程中的行为，确保应急管理措施到位[3]。

1.2.2 目标广泛性和社会参与性

应急管理以维护公共利益、社会大众利益为己任,以保持社会秩序、保障社会安全、维护社会稳定为目标。换言之,应急管理追求的是社会安全、社会秩序和社会稳定,关注的是包括经济、社会、政治等方面的公共利益和社会大众利益,其出发点和落脚点就是把人民群众的利益放在第一位,保证人民群众生命财产安全,保证人民群众安居乐业,为社会全体公众提供全面优质的公共产品,为社会提供公平公正的公共服务。

《中华人民共和国突发事件应对法》规定,公民、法人和其他组织有义务参与突发事件应对工作,从法律上规定了应急管理的全社会义务。尽管政府是应急管理的责任主体,但是没有全社会的共同参与,突发事件应对不可能取得好的效果。

1.2.3 管理局限性和动态博弈性

突发事件爆发前往往很少有征兆,爆发后发展速度极快,这使得应急主体必须在缺乏必要信息的同时采取必要的应对措施,这种措施往往是暂时的,随着事态的发展而不断地调整,来应对变化的灾害[4]。这使得我们在某一阶段采取措施和进行资源优化配置时,必须考虑到已采取的行动和使用的资源配置。

此外,应急管理的后续任务是随所完成子任务的效果以及所处环境的状态变化而变化的,这种变化过程是应对阶段结果和发展趋势的一个博弈过程。例如,对重大溢油等突发事件的应急管理,首先要采取有效措施控制事态,使其不再扩大,而不是一下子就希望在很短的时间内彻底解决问题。切断该事件与其他(可能也是突发)事件的联系,防止灾害次生和并发。这也取决于我们对突发事件问题范畴的解析,不同的问题范畴,使得事件的影响蔓延和危害扩大在属性上有着本质的不同。

因此,应急管理的首要工作要从主体的角度来理解事件特征，通过对主体内涵范畴的划定来标识突发事件的本质，从而对其做出及时有效的应对。

1.2.4 及时性和有效性

由于突发事件在一定范围内具有很大的危害性，并且突发事件具有短时间内迅速蔓延的特点，如果不及时采取措施，或者采取不恰当的应对措施，都会造成事态的恶化和发展，给应对突发事件带来更大的困难。

1.2.5 复杂性和网络性

与其他类型事件的应对和管理不同的是，突发事件应急管理所涉及的任务往往是多学科、多领域、多层面的，因而是复杂的，所以，必须把不同领域的各类资源整合、协同起来。在突发事件发生前后，对其进行实时监控和多方协同应对，形成一个能够快速反应和灵活应对的网络。该网络可以在应对者与事件之间建立一个互动的关联关系，事件与各种不同的应对系统以及应急处理者之间的关系形成一个网络[3]。

1.3 应急管理关键环节

美国学者普遍认为应急管理是政府针对突发事件进行预防监测、应急处置和恢复重建的全过程，包括 4 个阶段，即减缓、准备、响应和恢复。清华大学薛澜教授认为，从最广泛的意义上说，危机管理包含对危机事前、事中、事后所有事务的管理。王宁、王延章提出应急管理是对突发事件的预防、应对、协调、善后、评估等一系列管理活动的概括。可见，无论是美国学者的 4 阶段管理，还是中国学者认为的三阶段管理，其内涵是基本一致的[5]。对于一般性的突发事件，其应对机制的关键环节应该包括预警、紧急处理、善后协调和反馈四部分。

1.3.1　灾害预警

灾害预警作为应急管理的组成部分,在应急管理过程中处于非常重要的地位,是将危机或者事态消灭在萌芽状态最经济、最有效的举措。预警的主要功能在于通过信息情报监控系统及时发现突发事件的端倪,实施发布预警信号,为早期化解和严阵以待奠定基础,最大限度地避免仓促应战、盲目迎战、混乱迎战等不良管理现象。

(1)灾害预警机制的主体构成

A. 信息系统

包括公共管理机构的信息部门、大众传媒、一般社会组织的信息部门、有关科研机构、目击证人、事件当事人等。

B. 咨询系统

包括有关职能部门、信息分析人员、危机处理专家、相关领域的技术顾问、法律专家、具有丰富经验的实际工作人员等。

C. 职能系统

主要包括依据职能划分,承担着管辖范围内预警工作的行政机关和事业单位,如对于群体性社会骚乱突发事件,公安、国家安全等部门承担着相当的预警职能。

(2)灾害预警机制的客体构成

客体构成主要是防范各种突发事件的预案。具体而言,就是要针对突发事件产生的原因,拟定出多种应急预案并形成预案库。需要指出的是,拟定预案是公共管理机构应对突发事件的基础工作,应当引起高度的重视。

1.3.2　紧急处理

突发事件一旦到来,就必须启动紧急处理机制。紧急处理机制是应急管理的核心和关键环节,它直接关系着应急管理的质量与效率,表现为对各种资源的组织和利用,并在各种方案间进行决策。当突发事件出现以后,事件的各种表现形式及特征都显露出来,这就要求对事件产生的各种影响进行整理分析,对事件未来的发展趋势进行预测,根据分析的结果,对各种应对措施做出相应的决策[6]。期间还会涉及对各级政府的法规、政令、条例的遵守以及相关的人力资源的调动,物资的调拨等一系列的行动。

(1)紧急处理机制的主体构成

A. 信息系统

全面收集、分析事态情况及其发展趋势,为其他系统提供信息服务。

B. 咨询系统

调集相关人员,针对具体突发事件,研究预案的实施及修改完善,开展应急指导工作。

C. 指挥系统

由拥有法定权利的领导和部门负责人组成富有权威的指挥部门,负责统帅其他系统做好突发事件的紧急处理工作。指挥系统的建立一般有两种选择:一是借助常设机构;二是成立综合性的非常设机构。

D. 执行系统

由公共管理机构、司法机关、相关社会组织和事业单位组成,是一支训练有素、发硬灵敏、专业化程度高和富有战斗力的队伍。

E. 保障系统

负责人力资源、财政、金融、交通、通信以及其他有关物资、设施的后勤保障队伍。

F. 支持系统

包括新闻和社会舆论、有关公众及社会组织的态度、倾向等。它构成紧急处理机制中其他系统的一种工作环境。争取支持系统是突发事件处置中的一项重要工作。

G. 后备系统

主要是军事武装力量和准军事力量的预备。不论是自然性突发事件,还是社会性突发事件,后备系统的准备都是必要的。

(2)紧急处理机制的客体构成

A. 启动条件

设立切合实际、科学全面的预案启动和升级、降级的数量和质量指标。

B. 组织确定及其结构体系

建立相关组织机构,并确定这一组织系统的基本结构。

C. 职能分工及其协调方式

就处置突发事件的总体职能进行适当分解、合理分工,落实到有关社会组织中去,并设定有效的协调沟通方式。

D. 应急决策及其临时授权

视突发事件的情况进行应急决策和临机授权的规范工作,兼顾有序与效率,体现特事特办,确保不贻误战机。

E. 控制方力度的选择

视突发事件的事态和趋势,采取最有效的控制方式,选择与突发事件相应的控制力度。

F. 资源调配及其程序规范

从彻底解决问题的角度,考虑人力资源、财力资源、物质资源的保障与调配,并严格规范其权限和程序。

1.3.3 善后协调

突发事件的高潮期过去以后,为尽快回复正常秩序,弥补耽误的日常工作,就必须适当运用善后协调机制。

(1)善后协调机制的主体构成

A. 信息系统

继续追踪和掌握事态发展的有关信息,尤要注意观察态势有无反复迹象。

B. 指挥系统

担负善后工作指挥职责,统率相关系统,开展扫尾工作。

C. 执行系统

负责善后工作的具体落实与执行。

D. 监控系统

由公共管理机构和相关社会组织组成，密切关注善后工作，监督有关政策和措施的最后落实情况。

(2)善后协调机制的客体构成

A. 善后协调人员的确定：在大部分临时调集的人员撤离后，确定少数负责善后工作的人员。

B. 相关资源调配：为彻底解决相关问题而调用必要的有关资源。

C. 协议的执行：按照处置中已达成的有关协议，进行工作落实。

D. 责任的追究：着手研究有关组织和人员的相关责任。

1.3.4 反馈

反馈机制的主要功能是对突发事件处置的主体、过程以及结果进行反馈。

(1)反馈机制的主体构成

所有参与突发事件处置的系统，包括信息系统、资讯系统、指挥系统、执行系统、保障系统、支持系统、监控系统等[7]。

(2)反馈机制的客体构成

处置结果意见的收集、评估标准的确立、评估方法的选择、奖惩的实施、反馈结果的利用。

1.4 国内外研究现状

1.4.1 国外研究现状

20 世纪后期，美国等发达国家开始针对应急管理进行研究，美国北卡罗莱纳州应急管理分局在其编写的《地方减灾计划手册》时首次提出政府"应急管理能力"的概念,即地方政府为实现减轻自然灾害影响的目标而采取措施的能力。从现有的文献分析看,世界上最早、也是最成功进行灾害应急管理以加强政府应急能力建设的国家也是美国,其研发出涵盖应急管理的 13 项管理职能、56 个要素、209 个属性和 1014 个指标的政府、企业、社区、家庭联动的灾害应急准备能力评估程序。美国联邦紧急事务管理署(FEMA),对全国重大灾害预防和处置,以立法的形式在全国范围内建立了州、市、县各级应急管理专门机构,由专人负责应急管理工作[8];其应急管理运行模式具有统一管理、属地为主、分级响应和标准运行的特点。此后,德国、日本和俄罗斯等国家也逐渐展开了相关灾害应急管理工作,主要内容如下:

(1)德国

联邦公民保护与灾害救助局负责重大灾害的综合协调管理、领导应急决策能力、公民保护、应急战略管理、跨州联合演习、应急志愿者管理。重视加强合作和救援机构建设。

(2)日本

日本建立以内阁官房为中枢的突发事件御灾管理体系,通过中央御灾会议决策,地方御灾会议安排部署,相关牵头部门相对集中管理,实现了对自然灾害和突发公共安全事件的高效管理。以东京为例,东京防灾中心负责灾害应急管理,其职能包括危机掌握与评估、减轻危险对策、整顿体制、情报联络体系、器材与储备粮食管理、应急反应与灾后重建计划、居民间情报流通、教育与训练以及应急水平的维持与提升。

(3)俄罗斯

俄罗斯历来重视国家安全和社会危机管理,把自然灾害、事故灾难、公共安全事件均纳入公共危机管理体系。总统是公共危机管理体系的核心,联邦安全会议是公共危机管理体系的决策中枢和指挥中枢,属于常设性机构。在俄罗斯的公共危机管理体系中,总统的权利非常大且非常广泛,总统是国家元首和军队首领,拥有行政权和立法权。联邦安全局、国防部、紧急情况部、对外情报局、联邦边防局、外交部、联邦政府与情报署和联邦保卫局在整个公共危机管理体系中都接受联邦安全会议的领导和安排。

联邦民防、紧急情况和消除自然灾害部负责应急管理，直接对总统负责。其管理职能包括灾害相关政策制定、备灾措施、应急反应措施、减灾措施、灾后评估、灾害风险评估、长期救济和恢复措施、短期救济措施。国外在应急管理方面相对成熟，以上诸国均有比较完善的灾害（事故）应急管理体系，拥有政府统一的应急管理（救援）机构，拥有成熟完善的应急工作运行机制，拥有精良的装备和充足的救援队伍，在防灾减灾过程中发挥重要作用[9]。

1.4.2　国内研究现状

为了提高国内灾害应急管理水平，我国学者进行应急机制相关研究。王绍玉从含义及现状分析、内容设定及整合目标、评价指标及模型构建思路等方面对灾害应急管理进行了初步探讨；王学栋通过对比世界各国应对自然灾害时应急管理工作特点，提出"六大措施"以提升我国政府应急管理能力和水平；齐平在概述我国海洋灾害现状基础上，分析海洋灾害应急机制存在的问题并提出解决建议；灾害应急管理依据中最为重要的是法律，李宁从法律、行政法规、总体应急预案、专项应急预案、部门应急预案五个方面分析了我国自然灾害应急法律体系的数量差异；张斌考虑致灾因子、孕灾环境、承载体脆弱性、防御灾害能力四个方面建立了灾害应急管理物资需求预测模型，并以浙江省为例进行实证分析；吴浩云建议健全组织机构、完善法规制度、构筑工程设施、加强预案建设、充实人员队伍、强化监测预报等九个方面制定灾害应急管理对策。隋广军认为我国沿海地区受海洋生态灾害影响的社会经济易损性空间分布不均匀，海洋生态灾害频发的沿海地方政府应通过制定应急管理预案等措施，构建一个专门针对海洋生态灾害的应急管理机制。姬广科通过创新突发事件应急管理责任生成机制、管理机制和追究机制等来实现政府应急管理责任的制度化、法制化和规范化,保证政府应急管理责任机制的顺畅运行。郑琛认为城市重大突发事件全过程应急管理对策应包括:强制提高城市规划的安全域值,建立面向管理者的城市基础设施综合管理体系,建立面向公众的城市公共安全社会支持系统。上述研究成果主要是从内涵概述、现状描述、意义阐述、问题分析、解决措施及建设途径等机理层面对应急机制进行了分析。

中国安全生产科学研究院在国家十五科技攻关滚动课题(2004BA803B05)中正式建立了城市应急能力评估体系框架,标志着我国应急管理领域取得了阶段性成果。截至目前,关于海洋生态灾害应急机制的文章尚不多见,已有的研究成果主要可划分为理论研究和实证研究两个方面,其中理论研究方面比较代表的成果,如张海波等从应急管理的一般原理和我国应急体系现实出发,探析了应急管理在功能设定、层次确定、内容选择、方法运用等四个层面的理论问题;曹海林认为灾害应急管理应当建立常态化信息交流机制,加强人民群众防灾减灾宣传教育,建立健全灾害报道机制,确保社会公众、政府、媒体良性互动。

实证研究方面比较代表性的成果,如吴新燕、铁永波分别以地震灾害和地质灾害为研究对象进行了应急机制研究。闪淳昌认为目前灾害管理由单项、单纯减灾向综合减灾与可持续发展相结合的方向转变,呼吁建立包含灾害预防与应急准备、监测与预警、应急处置与救援、事后恢复与重建在内的全灾种、全过程、全方位、全人员、全社会的灾害应急管理模式。随着统计学、数学和计算机科学的日益进步,越来越多的方法被引入应急管理领域,比较成熟的有德尔菲法、层次分析法(铁永波,杨青,田依林)和模糊综合评价分析法(刘传铭)等。综上所述,由于我国应急机制研究起步较晚,因此现有研究成果仍主要集中在内涵概述、现状描述、意义阐述、问题分析、解决措施及建设途径等机理层面,而有针对性地开展某类灾害(如赤潮、溢油)应急机制研究的文章仍不多见,仅有的几篇也主要围绕地震地质灾害,且研究方法也比较集中于德尔菲法、层次分析法和模糊综合评价分析法等主观性较强的评价方法上,欠缺客观性和科学性。尤其是在社会各界对海洋灾害应急防御日益重视的今天,关于海洋灾害应急机制的系统研究仍鲜有出现,故而已经成为学术研究领域亟待解决的重要问题。

1.5 应急管理发展趋势

应急管理未来的发展趋势主要体现在三个方面:一是应急管理专业化,即整合各种力量,形成一体化的应急管理体系;二是应急应战一体化,即贯彻平战结合原则,利用军事资源服务应急管理;三是应急管理国际化,即加强国际合作,调动国际资源以应对重大突发事件。

1.5.1 应急管理专业化

应急管理专业化是实现一体化、规范化和科学化的重要保证。整个应急管理体制应具有一体化的体系结构,规范化的运作方式和科学化的决策支持保障体系,同时应急状态下具有法定的特别权限,可以摒除外部干扰来控制并实施自己的职能。如果没有专业化、专门化的应急管理组织和力量,应急管理主体是很难全面、有效地进行应急管理的。从国内外应急管理发展情况看,未来应急管理专业化主要向着以下几个方面发展。

(1)管理机构体系化

在政府部门、企事业单位和其他组织中,建立专门的应急管理机构并形成一体化的网络体系,依法赋予其特定的职能和特定的运作方式。

(2)管理模式一体化

正如文献综述所言,我国应急管理模式属于以单灾种为主的原因型管理,按照突发事件类型分别由对应的行政部门负责。这种管理模式易出现交叉、难于协调的状况,且形成机构重置、资源浪费。近年来我国应对重特大突发事件的实践正推动应急管理从单灾种防灾向综合防灾的一体化应急管理模式发展。

(3)救援队伍专业化

针对不同突发事件,建设装备精良、训练有素、技术娴熟的专业队伍和一专多能的综合应急救援队伍。

(4)管理行为规范化

在应急管理实践中,规范化、制度化、法定化的行为程序是实施科学高效应急管理的必要条件。

(5)法律法规政策专门化、体系化

针对应急管理全方位的发展和突发事件呈现多样、复杂的特点,建立健全覆盖各个领域、有针对性的法律法规体系和应急管理政策体系,对于提高应急管理效率、增强应急管理效果尤为重要。

1.5.2 应急应战一体化

和平与发展仍然是新世纪国际形势的主题。如何利用战时资源,实行平战结合,将国防资源整合到应急管理之中,做到"平时应急,战时应战",实现应急与应战一体化,是当今世界各国充分利用国家资源的必然选择。应急管理的平战结合表现在以下几个方面。

(1)军事工业具有很大的转产能力和生产规模收缩能力,既能生产军用产品,也能生产民用产品。在战时扩大军用产品的生产,在平时实现军用产品生产向民用产品生产的转变,表现出一定的弹性。在应急管理过程中,军事工业可以为预防与处置突发事件提供有力的高技术支持。

(2)为应对战争而建立的国防动员体系具有服务于突发事件应急管理的潜力。战争的爆发将导致国防需求的急剧膨胀,而战争的结束又会造成国防需求的突然回落。为此,国家经济需要在战时能够迅速地由平时状态转入战时状态，同时在战争结束后，国家经济也需要尽快地由战时状态转入平时状态，否则，国家经济建设就会受到影响。因此，国家需求兼顾国防建设与经济建设，建立高效的国防动员体系，寓国防建设于国家整体的经济发展中，实现平时与战时有机地衔接。

1.5.3 应急管理国际合作

国际合作是应急管理全球化的表现，整合国内与国际力量应对重特大突发事件，遵循预防为主、标本兼治、奉行人道主义、体现国际公平与正义、充分发挥联合国的主导作用等原则。从合作主体来看，可分为政府合作、企业合作、非政府组织合作。

（1）政府合作

政府合作的形式可能是国家与国家之间的双边合作；国家参与地区或国家合作等。例如，我国政府积极推动上海合作组织国家签署《上海合作组织成员国政府间救灾互助协定》，通过《上海合作组织成员国救灾合作行动方案》。

（2）企业合作

在重大突发事件应对的过程中，一个国家可以与其他国家的救援公司合作。在国外，紧急救援已经成为仅次于银行、邮电、保险业的重要服务性产业，是政府救援的必要补充。欧美发达国家都设立了国际紧急救助中心并在其他国家和地区设立了分支机构。一国政府可以按照商业模式，调用国外的紧急救援公司。

（3）非政府组织合作

在应急管理的国际合作中，可以借助规模不断壮大的非政府组织的力量。非政府组织可以提供信息资源、救援力量和资金。非政府组织一方面具有国际组织的特征，拥有遍及全球的网络，可以与地方政府结成应急伙伴关系；另一方面又具有组织结构分散化，反应灵活，处置效率高的特点，且具有独立、中立、人道主义色彩，在一些重特大突发事件的谈判中发挥着独特的作用。

1.6 本章小结

赤潮、绿潮、溢油作为突发性的海洋生态灾害,会对自然环境和人类社会产生很大的负面影响,因此我们采用应急管理制定决策力将其影响降至最小化,本章介绍了应急管理相关概念,在探析海洋灾害应急管理机制内涵的基础上,辨识海洋灾害应急机制的显著特征,特别是影响其机制运行效果的关键环节,为构建高效海洋生态灾害应急机制,探究海洋生态灾害应急实施措施奠定基础。

第 2 章　赤潮、绿潮、溢油海洋生态灾害成灾机理及其特征

2.1　概　述

2.1.1　海洋灾害

灾害是一个范畴广泛的概念,在不同学科中有不同解释,凡是对人的生命财产、自然环境、社会环境等造成危害的事件,我们都可以称之为灾害,如地震、洪涝、火灾、疫病等。海洋灾害属于灾害范畴内源于海洋的自然灾害,是因特定海洋过程的强度超过一定限度,或者局部海洋自然环境出现异常而在海洋上或沿岸区域出现的灾害[10]。海洋灾害种类繁多、发生频繁、危害严重,给沿海经济发展和人民生命财产安全带来巨大威胁。有的海洋灾害单独成灾,如海冰、赤潮等;有的则表现为多灾种群发,如风暴潮一般与灾害性海浪、大风、暴雨等共同成灾,加大了防灾抗灾的难度;有的海洋灾害还会引起衍生灾害,如风暴潮、风暴巨浪往往会引发海岸侵蚀,赤潮释放出的赤潮毒素有时会引起人畜中毒等。

不同海洋灾害的作用过程往往也存在较大差异。有突发性海洋灾害和缓发性海洋灾害。突发性海洋灾害暴发突然:如地震海啸,往往地震后数分钟至数小时之内就可酿成大灾。风暴潮、灾害性海浪等灾害的时间尺度一般长达数小时至数天,赤潮、绿藻爆发性生长等灾害持续的时间更长,有时甚至持续数十天;缓

发性海洋灾害发展非常缓慢,如海岸侵蚀、海水地下入侵等灾害的作用过程较长,往往持续数年至数十年。

2.1.2　海洋灾害管理

海洋灾害管理是一个合理有效的组织协调一切可以利用的资源,应对灾害事件的过程。海洋灾害管理涉及诸多环节和要素,纵向上包括海洋海况数据资料记录收集,海况监测预警,灾害灾情评估,灾害应急响应,抢险救灾与救援安置,卫生防疫与灾后重建等环节;横向涉及海洋、气象、地质、环境保护、消防、安全生产监督、交通运输、电力、新闻等诸多政府部门和社会行业。因此海洋灾害管理是一个极其复杂的系统过程。在收集海况资料的基础上,统计分析数据资料,得到海洋灾害发生、发展的时空规律,进而对灾害进行预测预防、预警救援等管理工作,最终寻求一条有效的防灾减灾路径保障我国近海海洋资源的开发。

2.2　我国海洋生态灾害状况

海洋是地球生命的摇篮,也是人类文明的发源地。从古到今,人类从海洋获得了丰富的物质财富和精神财富,获得财富的过程中,人类逐渐认识海洋、熟悉海洋、更加合理地开发利用海洋资源。我们意识到海洋不但给人类带来了丰富的资源,而且教会了人们如何面对困难和灾害。受到太阳光照的影响,海洋是地球上多种自然灾害的渊源,中国是世界上遭受海洋灾害影响最频繁的国家之一。澳大利亚科学家 S. L. Southern 做出统计,每年全世界由热带气旋造成的经济损失高达 60 亿~70 亿美元,全球自然灾害 60% 的生命损失是由热带气旋及其引发的其他海洋灾害造成的。我国有着曲折绵长的海岸线,横跨热带、亚热带和温带三个温度带,频发的海洋灾害给沿海地区人民群众的生命财产安全带来了巨大威胁。近年来,随着全球气候变暖,突发性极端海洋气象灾害有明显加剧的趋势。根据我国国家海洋局 2012 年 6 月 25 日发布的《2011 年中国海洋环境状况公报》显示，绿潮、溢油等海洋突发事件风险加剧。

根据国家公布的数据，近年来从整体上看海洋灾害造成的损失呈上升趋势。1980—2008 年间，海洋灾害的经济损失大约增长了 90 倍，年均增长近 20%，高于沿海经济的增长速度，已成为我国海洋开发和海洋经济发展的重要制约因素。海洋灾害的频繁发生，对沿海发达地区的经济发展和社会稳定带来了不利影响，防御和减轻海洋灾害的任务十分艰巨。

海洋灾害还对人民生命带来极大威胁，根据海洋灾害公报资料统计，从 20 世纪 90 年至 2009 年以来 20 年间，我国因海洋灾害共死亡、失踪 5903 人。其中，20 世纪 90 年代年均因灾死亡（失踪）人数为 388.5 人，2000—2008 年年均死亡（失踪）人数下降为 217.4 人，其中 2008 年死亡（失踪）152 人，2009 年死亡（失踪）23 人。从总体上看，20 世纪 50 年代以来因海洋灾害造成的人员伤亡呈下降趋势。这说明经过多年的努力，我国的海洋灾害应急管理能力不断增强，海洋灾害损失增加的趋势初步得到遏制[11]。

本研究通过分析赤潮、绿潮、溢油三种海洋生态灾害的灾害特征及其对我国海域及社会经济的影响，找出与其他灾害在潜在性、突发性、随机性、扩散性、破坏性等方面的差异，从而确定这些差异性对制定应急机制所产生的特殊要求。

2.2.1 我国海洋环境状况

我国幅员辽阔，地处欧亚大陆东部，东临太平洋，独特的地理位置决定了我国是世界上少数几个遭受海洋灾害影响最频繁、最严重的国家之一。我国东临的西北太平洋是世界上最大大洋，也是最不"太平"的大洋。每年在此形成的热带气旋多达约 35 个，是世界上形成热带气旋最多的地方，其中 80% 的热带气旋会发展为台风，每年平均有 26 个热带气旋至少达到热带风暴的强度，约占全球热带风暴总数的 31%[129]。影响我国近海的灾害性天气系统除了西北太平洋的热带气旋,还有来自西伯利亚等高寒地区的冷空气;源于我国河套、江淮地区,东移入海或者在海面上形成温带气旋等。这些灾害性天气系统交替作用,使得我国的渤海、黄海、东海和南海海上大风、巨浪、风暴潮等海洋灾害频发。

我国东部沿海各个省市、海区均有不同的孕灾环境和条件。在人口分布上,根据 2010 年全国第六次人口普查数据,东部沿海十一省市总人口为 4.74 亿,人口密度达到 400 人/平方公里,该区域聚集着全国约 35.4% 的人口,是我国人口密度最高的地区。在经济社会发展程度上,2011 年我国东部沿海十一省市 GDP 总量是 28.69 万亿,占全国 GDP 总量的 61%,并且 2011 年全国各省市 GDP 排名中广东、江苏、山东、浙江高居前四名。另外,珠江三角洲、长江三角洲和环渤海地区是我国区域经济最发达的地区,聚集着我国最先进的技术、最成熟的管理模式和最优秀的人才。综合来说,我国东部沿海地区经济社会发展程度较高,一旦发生海洋灾害,该地区遭受损失的概率会增大,因此,需要更加健全、完备的防灾减灾策略。

2.2.2　海洋生态灾害

海洋生态系统是整个地球岩石圈和水圈最为重要的生态系统之一,是整个地球生态系统的重要组成部分。海洋生态灾害是由自然条件变异,或者人类改造、利用自然过程中产生的有害因素,损害海洋和海岸生态系统的灾害。常见的海洋生态灾害有赤潮、绿潮、海上溢油事故等。

2.2.3　我国近海主要海洋灾害分布

(1)渤海

由渤海的自然地理特点我们可以得知,渤海经由宽度 57 海里的渤海海峡与黄海连通，属于我国的内海。渤海海域所处平均纬度为北纬 39°，属于中高纬度地区，加之平均水深较浅，冬季受到大陆强冷空气影响，容易生成海冰灾害。辽东湾的营口、葫芦岛、鲅鱼圈等港口易受海冰灾害影响，天津港、秦皇岛港、黄骅港、东营港、烟台港、大连港、旅顺港等港口属于不冻港；海冰灾害对渤海湾、辽东湾、莱州湾等海域的海水养殖业有一定影响，总体来说，一般年份渤海海域的海冰灾害并不严重，但是，近年由于北极冰川和冰盖融化加剧带来的气候变化，使得该海域海冰灾害异常，2012 年冬季到 2013 年春季，渤海海域海冰灾害是近 25 年以来最严重的一次。由于渤海海域的半封闭性、入海径流减少、海洋石油泄漏和陆地排污量的不断增加，该海域海水污染和富营养化日益严重，导致赤潮灾害频繁发生，海洋水产业损失严重。另外，莱州湾、渤海湾和辽东湾均不同程度的呈现"喇叭口"型地形，湾顶均为低洼河口平原，地势平坦，加之渤海海域的"水槽"地形，以上三个海湾极易产生严重的温带风暴潮灾害。其中，莱州湾是世界上发生温带风暴潮灾害最多的地方。

（2）黄海

在我国四个近海海域中，黄海属于海洋灾害比较缓和的海区，各种海洋灾害均有发生，但是都不是特别严重。其中，海冰灾害只出现在北黄海辽东半岛沿岸，且历史上很少酿成严重灾害。虽然黄海受温带气旋的影响，但该海域的温带风暴潮强度明显弱于渤海海域，这源于南黄海地势较为平坦，河口和海湾较少，是风暴潮灾害极为脆弱的区域；黄海也受到台风风暴潮的影响，但强度较弱，数量明显少于东海和南海。从近 20 年的海洋监测资料来看，黄海海域的赤潮灾害较轻，但近年浒苔和其他藻类酿成的海洋生态灾害有所加剧，尤其是 2008 年以后，青岛近岸黄海爆发了若干次较为严重的浒苔灾害。影响黄海海域海洋资源开发的主要灾害是海浪和海岸侵蚀，南黄海江苏省沿岸是我国海岸侵蚀最严重的地区之一。黄海受到活动频繁的温带气旋影响，海上大风和灾害性海浪灾害较多。

（3）东海

东海海域的风暴潮灾害、海浪灾害、赤潮灾害都比较严重。长江口、钱塘江口、闽江口及其他海湾大都属于朝向海洋的"喇叭口"型，这种类型的海湾和河口极易形成严重风暴潮灾害；东海海域大陆架极为宽广，海域开阔，温带气旋和热带气旋在这里频繁活动，这些因素共同造成了东海海域的风暴潮灾害和海浪灾害比较严重。由于陆地排污量逐年增加，东海海域水交换较差的封闭型海湾，水体富营养化严重，造成赤潮灾害频繁发生，给当地水产业造成的损失越来越严重。另外，东海海域及台湾海峡属于太平洋板块和亚欧板块交界带，该地区的海底地震频发，破坏性不强的海啸较多。

（4）南海

南海是我国近海最不平静的海域，海上大风、风暴潮、灾害性海浪、赤潮等灾害都比较严重。南海海域的珠江口、韩江口、雷州湾等河口和海湾都属于朝向外海的"喇叭口"型海湾，受到西北太平洋热带气旋和该海域生成热带气旋的影响，在南海近岸形成严重的风暴潮灾害、海浪灾害和海上大风灾害，巴士海峡、巴林塘海峡及其以东洋面是海上大风造成海难事故多发海域，号称太平洋的"百慕大黑三角"。另外，南海海域受到诸多岛屿、群岛和浅滩包围，历史上从未有过严重海啸的记录。南海海域水温常年较高，水流不畅、封闭的海湾，受到陆地逐年增加排污量的影响，海水富营养化严重，一年四季都会爆发赤潮灾害，对海洋养殖业影响较大。

2.3　海洋灾害形成过程

海洋灾害的爆发起因不尽相同，灾害发生发展的过程也各有特点。但总体上来说，各种海洋灾害从出现征兆到影响结束都要经历相似生命周期，即都要经过潜伏、爆发、影响和结束四个阶段的演变。

2.3.1　潜伏阶段

即海洋灾害在爆发前的致灾因子聚积期，该阶段没有明显的灾害征兆，但致灾因子已经开始形成，并处于不断发展壮大之中。与其他阶段相比，潜伏期持续的时间一般较长[12]。在潜伏期里，海洋灾害一直处于质变前的量的积累过程，待致灾因子积累到一定的程度后，便处于一触即发的状态。

在海洋灾害爆发之前，会有一些不同于以往的征兆通过各种形式表现出来，比如大地震来临前，地磁会出现异常变化；风暴潮和灾害性海浪爆发前，也往往会出现异常的天气变化，一些鱼类、海鸟的行为也不同于往常；赤潮灾害爆发前，海水水质、生物特征常常发生改变。海洋灾害爆发前的各种征兆和迹象为应急预防工作创造了有利条件，可通过有效的措施和手段，提前做好应对海洋灾害的准备，降低海洋灾害的危害程度。由于在目前技术水平下，海洋灾害难以彻底消除和避免，因此必须强化灾害发生前的监测预报工作，做到早发现、早预警、早应对，从而减轻海洋灾害所造成的损失，这应当作为海洋灾害应急管理的一个关键环节。

2.3.2　爆发阶段

爆发期是海洋灾害致灾因子经过积累，发生质变后的一个能量宣泄、危害显现的过程。不同海洋灾害在爆发期的表现也不尽相同，风暴潮、灾害性海浪等海洋气象、水文灾害一般持续时间比较短，而灾害作用过程十分猛烈，释放的能量巨大；赤潮、绿藻等海洋生物灾害的持续时间一般比较长。爆发期是海洋灾害破坏作用集中显现的一个过程，往往产生巨大的破坏力，对受灾区域的经济、社会、环境等各个方面带来严重的危害。

不同类型海洋灾害所造成的损害也是有差别的。有的海洋灾害造成的损害是一次性的，即在短时间内释放出巨大的破坏力,如风暴潮、灾害性海浪、海啸、海冰等;有的海洋灾害的破坏作用是持续发生的,如赤潮、绿藻灾害,除在爆发初期造成一定损害外,灾害的影响还随着时间延续而不断加深,持续时间越长,灾害损失越大。因此,对于不同的海洋灾害,应对措施也应各有侧重,如针对风暴潮等一次性灾害,应将应急工作重点放在灾时保护和灾后救援方面;而对于赤潮等持续性灾害,则应将注意力集中于致灾因子的消除[13]。不论任何一种海洋灾害,爆发期都是应急工作最重要的一个环节,只要认真做好控制工作,就能降低海洋灾害造成的损失。

2.3.3　影响阶段

影响期是在海洋灾害爆发之后,造成的灾难还在持续产生作用,破坏力还有延续的阶段。许多情况下,海洋灾害的影响期与爆发期之间没有明显的界线划分,两者是交叉重叠的。

在爆发期,海洋灾害的破坏力主要表现在人员伤亡、设施毁坏和环境改变。到了影响期,海洋灾害所造成的影响会迅速从灾害中心向周边区域蔓延,对灾区的经济、社会、生态等各个方面造成损害,乃至进一步造成各种衍生灾害。该时段海洋灾害所产生的影响是多方面、多层次、多领域的,如果不能得到及时控制和消除,可能会造成更大的损失,使灾害进一步恶化和升级;也可能成为引发更严重突发公共事件的导火索,导致社会失控;也可能对灾区民众心理、生态结构、经济发展和社会稳定带来长期的损害,留下难以根治的后遗症。能否采取有效措施,尽量避免和减轻次生灾害,全面控制海洋灾害对经济社会的不利影响,是衡量一个地区海洋灾害应急管理水平的重要依据[14]。

2.3.4　结束阶段

在危害和影响得到控制之后,海洋灾害进入结束期。在结束期,海洋灾害的致灾因子消除,应急管理工作进入善后阶段,灾区的经济社会生活秩序逐步从灾害来临的紧急状态恢复正常，灾后重建开始启动。

一些海洋灾害所造成的损害是不可逆的，如人员死亡和环境永久性改变等；大部分损害是能够恢复的，如设施损坏、人员伤病、交通受阻等。因此，在这一阶段，要积极开展灾后救援和重建工作，最大限度地消除海洋灾害带来的不利影响，使人民群众尽快恢复正常的生产生活秩序；另外，对当地海洋灾害应急管理体系进行认真评估，改进应急管理中存在的问题和不足，提高海洋灾害应急管理水平。

2.4　海洋生态灾害成灾机理

2.4.1　致灾因子

致灾因子是可能造成人身伤亡、财产损失、环境破坏等各种灾害的自然现象或社会现象，如台风、暴雨、地震、泥石流、火山喷发、风暴潮、爆炸等。致灾因子不能等同于灾害，一个简单的例子，如果地震发生在无人的沙漠或者大洋深海就不会造成灾害。致灾因子可以分为自然致灾因子、人为致灾因子和技术致灾因子三种类型。海洋灾害造成损失后果的严重程度，是由海洋灾害致灾因子和承灾体两个方面的因素决定的。致灾因子是导致灾害发生的触发因素，如：赤潮灾害的致灾因子是赤潮生物及其毒素；绿潮灾害的致灾因子是绿藻等繁殖藻类；溢油灾害的致灾因子则是海上运输的船只和海底油矿开采平台及输油管道。

承灾体是指直接受到灾害影响和损害的人类社会主体，它包括人的群体和个体，以及与人类有关的环境、经济、社会等各个方面[15]。海洋灾害的承灾体首先包括与人类在海上或沿岸活动中息息相关的各类生产和生活工具，如船舶、海上平台、海堤、房屋、农田等，也包括那些不与致灾因子直接作用，而受灾害后果或衍生灾害影响的社会性因素,如人类的经济活动、信息、社会秩序和关系等。致灾因子、承载体与海洋灾害三者之间的关系可以用图2-1 来表示。

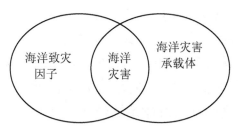

图 2-1　海洋灾害成因

　　致灾因子和承灾体的相互作用,是海洋灾害成灾的充分和必要条件。仅存在致灾因子或承灾体两者之一,或两者都存在但不发生作用,都不能形成海洋灾害。如在广阔大洋无人类活动区域上因台风形成的巨浪、在未开发的无人海岛上形成的风暴潮、北极地区形成的海冰,都不能成为海洋灾害;或在巨浪中因海上设施和船舶因结构坚固、防灾措施得力,未发生损坏并未影响正常的生产和航运活动,也不能称为海洋灾害。只有当致灾因子的破坏性与承灾体的脆弱性形成叠加的时候,海洋灾害方能成灾。如上图所示,海洋灾害的灾情是由海洋致灾因子的破坏性和海洋灾害成灾体的脆弱性共同作用而形成的。图中左侧圆形代表海洋致灾因子,右侧圆形代表海洋灾害承灾体,两者形成的交集大小代表海洋灾情的严重程度。

2.4.2　孕灾环境

　　孕灾环境是指地球表面的土地、山川、河流、海洋等构成的地球表层系统,由岩石圈、水圈、大气圈、人类社会圈构成,可分为自然环境和人文环境。任何灾害都是发生在具体孕灾环境中,如海洋灾害发生在海洋环境(包括海岸带)中。所以,孕灾环境的改变会改变灾害发生的频率、强度等。

　　随着当今社会沿海城市居民的持续增多、水产养殖规模的迅猛扩大、化工业和农业的飞速发展，工业废水、生活污水入海量剧增，加上地表径流带来的农田化肥、农药和其他污染物中的氮磷等营养盐，排放到海洋中的富含氮和磷的无机营养盐数量超出了环境自身的调节能力，从而引起海水的富营养化；再加上光照强度、温度等环境因素及藻类本身的生物学特性等因素，这些是引发赤潮、绿潮的重要原因；海洋石油工业和海洋运输业的蓬勃发展同时也伴随着海上油井井喷、输油管道渗漏和油轮事故造成的海洋溢油事件，这些都给海洋系统带来了巨大的生态灾害。

2.4.3　成灾链条

海洋灾害可能是由海洋中某些藻类的过量繁殖、海底油气泄露等直接因素造成的，但与此相关的延伸灾情并不是完全由这些致灾因子直接造成。灾害中，这些致灾因子造成的灾害后果往往形成新的致灾因子，作用于其他承灾体，对环境造成新的损害，形成多层次、多方面的灾害后果，形成类似链条状的致灾和受灾群体。

（1）赤潮灾害成灾链分析

赤潮又被人喻为"红色幽灵"，其直接致灾因子是赤潮生物，以及部分赤潮生物所释放出的毒素，海藻是一个庞大的家族，除了一些大型海藻外，很多都是非常微小的植物，有的是单细胞植物，根据引发赤潮的生物种类和数量的不同，海水有时也呈现黄、绿、褐色等不同颜色。其成灾链可用图 2-2 来表示。

赤潮灾害的承灾体有两类：一是赤潮海域的各类海洋生物，包括自然生物种群和人工投放的养殖生物；二是海域景观，赤潮往往造成海水颜色变化（红、黄、棕等各种颜色），一些赤潮区域的空气也产生异味，造成赤潮海域景观价值下降。

赤潮灾害的直接灾害后果包括四个方面：一是发生赤潮的海域透明度低，导致生长在水体深层的海洋生物大量死亡，从而破坏海洋生态系统；二是赤潮生物向体外排出的黏液，会附着在海洋动物的鳃和表皮上，妨碍其呼吸，甚至使其窒息死亡；三是部分赤潮生物会产生毒素，导致其他生物中毒死亡；四是死亡的赤潮生物和被赤潮夺去生命的海洋生物腐烂分解时会不断消耗水中的溶解氧，造成水体缺氧，恶化生态环境。赤潮毒素具有毒性大、反应快、防治困难等特点，目前已知的对人类有害的藻毒素主要有麻痹性贝毒（PSP）、腹泻性贝毒（DSP）、神经性贝毒（NSP）、记忆缺失性贝毒（ASP）和西加鱼毒素（CFP）等。

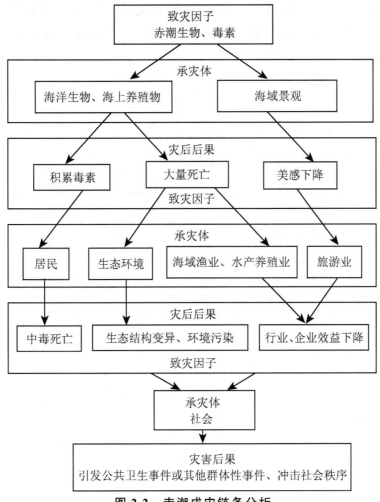

图 2-2　赤潮成灾链条分析

这四个结果通过成灾链进一步危害周边自然环境和社会，使灾情进一步扩大。海洋生物大量死亡必然带来生态结构的改变，同时海洋动物尸体对海水和底质都形成了更大的污染；沿海居民使用了带毒海洋生物,可能会产生中毒反应,甚至危及生命;赤潮还对当地海洋渔业、海水养殖业和滨海旅游也形成冲击[16]。以上种种后果再通过周边地区人流、物流、信息流之间的联系继续传播和扩大,最终对周边地区的经济发展和社会稳定带来不利影响。

(2)绿潮灾害成灾链分析

绿潮灾害的直接致灾因子多数是生长在海洋中的石莼属和浒苔属大型藻类,该藻类脱离固着基形成漂浮增殖群体后漂浮在海面,绿潮灾害的成灾链条分析可用图 2-3 来表示。绿潮灾害的危害后果包括以下四点。

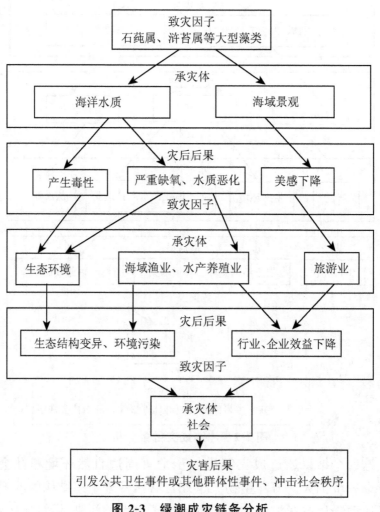

图 2-3　绿潮成灾链条分析

一是消耗水体中的溶解氧。当养殖水体中的大面积浒苔形成时,一方面浒苔生长过程中会吸收大量氧气;同时也严重抑制浮游植物制造氧气;另外大量浒苔覆盖水面,阻隔了空气中的氧气进入养殖水体,因而导致养殖水体中溶解氧严重不足,长时间出现缺氧或者亚缺氧状态,使养殖水体质量持续恶化。

二是降低生物多样性。当养殖水体中的浒苔形成绝对优势种群时,浒苔的过度增殖加剧了养殖水体通风及光照条件的持续恶化,抑制了养殖水体中有益浮游生物的生长繁殖,阻碍了其他藻类的光合作用,使养殖水体中的丝状藻类和浮游藻类等不能合成本身所需要的营养物质而死亡。

三是产生有毒有害物质。死亡浒苔沉入海底腐烂,会大量消耗氧气,释放氨氮,使水中硫化物浓度上升,对海洋生物产生毒性,将严重危害受风岸带的围堰养殖、底播养殖、筏式养殖以及水产育苗生产[17]。藻类沉积在海底,会引起底质腐败,改变沉积物的理化性质,导致水生生物缺氧死亡、底栖动物数量的减少,从而影响鱼、海鸟以及以鱼、海鸟为食物的捕食者的摄食行为。浒苔分泌的化学物质很可能还会对其他海洋生物造成不利影响。

四是浒苔绿潮爆发带来的次生环境危害。打捞上来的藻体腐败散发难闻气味,污染空气;藻类堆积可能为有害昆虫提供繁殖条件,引起害虫暴发等。浒苔暴发还会严重影响景观,干扰旅游观光和水上运动的进行,直接影响到沿海旅游产业发展。

(3)溢油灾害成灾链分析

溢油灾害的直接致灾因子是随着海洋石油工业和海上运输业的发展,海上石油平台及海底输油管道的破裂泄漏、运输船只事故性的漏油事件随之而来。目前,进入生产性海上石油钻探的国家已达 100 多个,全世界每年油轮运输量已超过 20 亿吨,随之造成的石油污染也日趋严重。

虽然海洋对石油污染有自净能力,但不是无限的。石油进入海洋后造成的污染对海洋环境和海洋生物资源的危害是相当严重的,其后果表现在以下方面。

通常，1升石油完全氧化需要消耗40万升海水中溶解氧。因此，一起大规模溢油污染事故能引起大面积海域严重缺氧，使大量鱼虾、海鸟死亡，或使经济鱼、虾、贝类产生油臭味，降低海产品的食用价值。

浮油被海浪冲到海岸，沾污海滩，造成海滩荒芜，破坏海产养殖和盐田生产，污染、毁坏滨海旅游区。若清理不及时，还易发生爆炸和火灾，酿成更严重的经济损失和人员伤亡，这些都是海上溢油影响的直接后果。

而其长期影响导致的潜在危害则更加严重：海上油膜会大大降低海水与大气的氧气交换，从而降低海洋生产力，破坏海洋的生态平衡；石油中的毒性芳香烃化合物极易进入水中并且停留很长时间，并在生物体中长期积累，最终必将危害人体健康。溢油沉降到海底后，会危及底栖生物和甲壳类动物的正常发育；而且沉降到海底的石油经微生物分解后，密度减小，会重新浮到海面[18]。因此，一次大的溢油事故造成的影响会延续十几年甚至更长时间。

2.5　海洋生态灾害特征

海洋灾害作为突发公共事件的主要特征表现在以下几点。

突发公共事件一般具有比较明显的共性特征，如潜在性、扩散性、伤害性、破坏性、综合性、不确定性、随机性、突发性等。综合分析海洋灾害的发生机理可以发现，赤潮、绿潮、溢油等大部分海洋灾害都具有突发公共事件的普遍特征。

第一，突发性。突发是相对于非突发而言的。绝大多数的海洋灾害发生、发展迅速，留给人类的反应时间很短。虽然在目前的气象水文监测预报水平下，大部分海洋灾害可以实现事前预报、预警，但由于真实发生的时间和地点难以准确预见，对于特定的灾害发生区域来说，仍然具有比较强的突发性[19]。很多海洋灾害是在人们缺乏充分准备的情况下发生的,使人们的正常生活受到影响,使社会的有序发展受到干扰。如由热带风暴或温带风暴引起的风暴潮和海浪灾害,由于风暴发展强度和运行路径的不确定性,往往在登陆之前 24 小时之内、甚至几个小时之内才能确切地预报灾害发生范围和强度。由于事发突然,人们在心理上没有做好充分的保障准备,会产生烦躁、不安、恐惧等情绪;社会在资源上难以做到充分准备,必须针对具体情况制定处置措施,给沿海地区的减灾、救灾工作带来较大的压力。

第二,不确定性。海洋灾害具有一定的不确定性。一是发生状态的不确定性,具体海洋灾害的时间、地点、形式和规模,在灾难爆发前通常是无法准确预知的。随着海洋监测预报体系的完善,有些海洋灾害通过科技手段和经验知识,能够减少某些不确定因素,但是很难确定不确定因素造成的结果。以海冰灾害为例,通过多年观测和经验可以得知,其主要发生时段在冬季,主要发生范围是在渤海湾近陆海域,但由于冰情年际变化较大,具体发生冰灾的时点和地点是不确定的。二是事态变化的不确定性,海洋灾害发生后,由于信息不充分和时间紧迫,绝大多数情况的决策属于非程序化决策,响应人员与公众对形势的判断和具体的行动以及媒体的新闻报道,都会对事态的发展造成影响[20]。许多不确定因素在随时发生变化,事态的发展也会随之出现变化。

第三,破坏性。海洋灾害的破坏性来自五个方面:威胁生命安全、造成财产损失、破坏生态和环境、扰乱社会秩序、引发心理障碍。海洋灾害发生过程中,由于人们缺乏各方面的充分准备,难免出现人员伤亡和财产损失,破坏自然环境、生态结构,打乱正常的社会秩序和民众生活习惯,引发公众心理的不安和恐慌情绪。有些破坏是暂时性的,如堤防毁坏、房屋倒塌、街道积水等,可以随着海洋灾害的结束和重建工作的开展而逐步消除;而有些破坏产生的影响则是长期的,如岸线改变等如果对海洋灾害的防灾、减灾、救灾处置不当或不及时,可能还会带来经济危机、社会危机和政治危机,造成难以预计的不良后果[21]。以 2004 年印度洋海啸为例，巨大的海啸灾难除造成了重大人员伤亡和财产损失之外，还对受灾地区经济、社会发展带来了巨大的影响，并在一定程度上改变了当地的政治生态。

第四，衍生性。是指原生海洋灾害易于引发其他类型突发公共事件的特性。海洋灾害的衍生性增大了应急处置的难度。在一些灾害中，衍生灾害的危害程度、影响范围低于原生海洋灾害，如风暴潮灾害一般造成设施毁损、人员伤亡、海水倒灌等破坏，海浪灾害一般导致船舶沉没、人员伤亡等损失，其主要危害都是由于海洋灾害本身所造成的，一般发生在灾害进行过程中，这种情况下的应急管理主要力量应集中于原生海洋灾害的处置，应急活动的主要对象不会发生改变；但在另一些情况下，衍生灾害的危害程度、影响范围高于原生海洋灾害，如历史上有些海啸、风暴潮灾害造成大量伤亡后，引起了灾区饥荒、瘟疫等次生灾害，其影响范围和危害程度远远高于海洋灾害本身，从本质上讲，针对这类灾害应急活动的主要对象已经改变，需要重新调整资源分配，应对主要灾害[22]。除少数情况外，大多数海洋衍生灾害都是可以减轻、甚至消除的，历史上海洋衍生灾害造成重大损失的事例往往是由于灾害应急处置准备不足、计划失误和管理失控所造成的。

第五，扩散性。随着社会的进步和现代交通与通信技术的发展，地区、地域和全球一体化的进程在不断加快，相互之间的依赖性更为突出，使得海洋灾害造成的影响不再仅仅局限于发生地，会通过内在的联系引发跨地区的扩散和传播，波及其他地区，形成更广泛的影响。如2004年印度洋海啸发生后，灾难引发的社会恐慌情绪波及到亚太地区很多沿海国家。特别是一些影响范围较大海洋灾害，如气候变暖引起的海平面上升、海啸、热带风暴引起的波及多国的风暴潮和灾害性海浪等，本身就属于国际性突发公共事件，一般会出现联动效应，这在一定程度上增加了海洋灾害的应对难度。

2.5.1　赤潮灾害特征

赤潮是在特定的海洋环境条件下,海洋水体中某些微小的原生动物、浮游植物或细菌突发性地增殖或者高度聚集,引起一定范围内的水体在一段时间内变色的现象。人类很早就有关于赤潮的记载,国外的《旧约·出埃及记》《贝格尔航海记录》等著作,我国清代蒲松龄的《聊斋志异》,都有记载赤潮的发生,可以说赤潮是一种自然现象。赤潮不一定都是红色的,赤潮因发生的原因、生物细菌种类、数量的不同,水体会呈现红色、砖红色、棕色、黄色、绿色等不同颜色。赤潮究竟是一种原本就存在的自然现象,还是人类发展过程中产生的污染物污染海洋环境所致,在学界是有争议的,至今尚未得出统一的结论,但是有一点是可以肯定的,赤潮发生的频率随着近代现代人类社会的发展而增加,显然,人类改造自然、利用自然的某些活动加剧了赤潮的爆发。赤潮最明显的特征是海水颜色改变。赤潮的覆盖面积小的不足 $100m^2$,面积大的可达 $1000km^2$,持续时间短者数日,长则可达数十日。赤潮的多发时段为春末和夏季,污染严重、水体富营养化程度较高、水体交换不良的港湾和岛屿附近海域最易发生赤潮。赤潮灾害主要有以下几方面特征。

(1)赤潮灾害的发生需要一定的先决条件

赤潮究竟是一种原本就存在的自然现象,还是人为污染造成的,至今尚无定论。但根据大量调查研究发现,赤潮发生必须具备以下条件。

海域水体高营养化;某些特殊物质参与作为诱发因素,已知的有维生素 B_1、B_{12}、铁、锰、脱氧核糖核酸;环境条件,如水温、盐度等也决定着发生赤潮的生物类型。发生赤潮的生物类型主要为藻类,目前已发现有 63 种浮游生物,硅藻有 24 种,甲藻 32 种、蓝藻 3 种、金藻 1 种、隐藻 2 种、原生动物 1 种。从近几年东海几次大规模具齿原甲藻赤潮发生过程的现场理化因子监测结果可知，赤潮发生时，盐度往往介于 26～32，长江口外在盐度为 20 左右的区域也能发生赤潮，温度介于 18℃～21℃。在航空遥感监测时，早晚能明显看到赤潮水体掩于表层水体以下，因而推测具齿原甲藻具有昼夜垂直移动的习性。

（2）赤潮的发生具有突发性特点

赤潮的发生具有突发性特点，即在发生之前，难以被发觉。赤潮是我国近岸海区频发的海洋自然灾害之一，长期以来，人们一直寻找有效的赤潮预报方法。尽管多年来对赤潮进行了许多调查研究，由于赤潮的复杂性及发生时间的突然性，难以实施有效的监测，常规的海面调查受采样数量的限制，只能部分地了解赤潮的发生情况，对其分布状况、发生规律、形成机理等问题的了解仍然严重不足。

（3）赤潮发生的频率呈总体上升趋势

自 20 世纪 50 年代初至 60 年代末，赤潮发生的区域分布特征主要是在工业比较发达的国家，如日本、美国和欧洲一些国家的沿岸水域。到了 70 年代，赤潮不仅在发达国家的沿岸水域频繁发生，而且还在一些发展中国家的沿岸水域时有发生，如在中国、东南亚和南美洲等国家和地区的沿岸水域发生的赤潮。自 80 年代以来，赤潮现象日渐频繁，已遍及世界沿海国家和地区的近岸、内湾、河口等水域，而且赤潮的危害程度越来越严重。赤潮多发生在北半球温带、亚寒带地区（北纬 30°～60°）的太平洋、大西洋沿岸的北美、北欧和日本的富营养化海域经常发生。进入 90 年代，我国的赤潮数量逐年增加，从区域分布来看，我国沿海的赤潮现象十分普遍，无论是南方还是北方，无论是渤海、黄海、东海还是南海，各个海区均有赤潮发生的记录，赤潮发生的频率由南向北呈递减趋势。

（4）赤潮灾害多发生于内海海域

赤潮多发生于内海、海湾、河口和有上升水流（特别是温暖水流）的海域。就世界范围而论，欧洲的波罗的海是与外海物质和能量交换较弱的内海，而其沿海则是欧洲经济发达地区，河流排出的污染物数量巨大,因此是赤潮的多发海域。在太平洋上,日本海的各个海湾和入海口也是赤潮的多发海域[23]。中国的沿海也是赤潮的多发区域:渤海的渤海湾、大连湾、黄河口,东海的长江口、舟山群岛的外海域和象山港,福建沿海,珠江口的大鹏湾、大亚湾和香港部分海域都是赤潮的频发区域。

(5)赤潮灾害的发生时间有规律可循

从赤潮的发生时间上看,从南到北随季节变化明显。在南海,一年四季都有可能发生赤潮,但高发期是 3—5 月;在东海为 5—7 月;在黄海和渤海以 7—9 月为多发期。

(6)赤潮灾害的危害巨大

赤潮不仅给海洋环境、海洋渔业和海水养殖业造成严重危害,而且对人类健康甚至生命都有影响。主要包括两个方面。

一是破坏生态平衡,引起海洋异变,局部中断海洋食物链,使海域一度成为死海;二是有些赤潮生物分泌毒素,这些毒素被食物链中的某些生物摄入,如果人类再食用这些生物,则会导致中毒甚至死亡。目前确定有 10 余种贝毒的毒素比眼镜蛇毒素高 80倍,比一般的麻醉剂,如普鲁卡因、可卡因还强 10 万多倍。据统计,全世界发生贝毒中毒事件约 300 多起,死亡 300 多人。

2.5.2　绿潮灾害特征

绿潮是不同于赤潮的海洋灾害,在特定的海洋环境条件下,海洋水体中的某些大型绿藻突发性地增殖或者高度聚集,覆盖在海面上,被风浪卷到海岸后腐败产生有害气体,影响海洋景观且破坏海洋生态平衡。绿潮爆发的原因和赤潮类似,海洋水体中的氮、磷等营养盐和有机物增多导致的海水富营养化是绿潮灾害爆发的首要原因。导致绿潮的大型藻类有几十种,在我国近海约有十几种大型藻类可导致绿潮,如浒苔、石莼等,我国黄海海域 2008年到 2012 年连续五年在夏季爆发绿潮灾害。绿潮对海洋的危害和赤潮相类似,大型绿藻覆盖在海面上遮蔽阳光,导致海底的藻类无法正常生长;大型藻类死亡后分解过程中要消耗海水中大量的溶解氧,导致水体缺氧;严重影响海洋景观、干扰海洋旅游观光和水上运动的进行。

(1)绿潮成因多为异地成灾

目前对于漂浮浒苔远处形成地点和成因仍没有最终明确的结论。很多研究表明,2008年青岛绿潮藻不是来自青岛本地浒苔,而是由黄海南部海岸漂移而来。现在科研人员对原初漂浮浒苔生物量形成的地点和原因主要有以下几种推测:一是来源于黄海近岸潮间带及潮下带自然形成的浒苔床,二是来源于紫菜养殖筏架,三是来源于江苏省近岸的池塘。

(2)绿潮藻繁殖能力强

绿潮藻的繁殖能力很强,可以漂浮也可以固着生长,或者遇到大浪侵袭时,断裂下来随着海流漂泊在旅程中生长,繁殖方式多样,生长迅速,且对环境的要求低,一旦遇到合适的环境条件就会大规模暴发。

(3)绿潮灾害暴发需要一定的条件

绿潮灾害多发于春夏两季,暴发需要一定的条件:

一是经济的发展,工农业废水和生活污水排放量不断增加,沿海富营养化加剧,为绿潮的发生提供了物质条件,但富营养化并不等同于绿潮就会发生。

二是绿潮的形成需要合适的条件,各种生物和非生物因子,如竞争、光照、温度、降水量、季风和营养盐等都可能触发、影响绿潮的发生。绿潮的发生与区域性环境因素密切相关,在营养充足的条件下,光照强度和温度是诱导绿潮发生的关键因素[24]。

石莼在盐度为10~31的海水中均能较好的生长,其最佳生长盐度范围为10~15,在盐度为12.2的海水中日生长率达到11.3%,在盐度低于5的环境中,石莼很难生存。如2007年5—6月烟台开发区金沙滩海域大面积石莼绿潮,诱因则是排污口附近适宜的富营养化环境和水温,而急剧升高的气温是其快速消退的重要因素。

2008 年绿潮爆发后,受海洋风场和表层流畅的作用在青岛近海出现大规模浒苔漂浮聚集现象。黄海东门海洋环流主要是受东亚季风的影响,2008 年 5—7 月为东南季风和西南季风。根据卫星光遥感结果,最早在江苏盐城以北,连云港以东海面发现漂浮浒苔,此后漂浮浒苔逐渐向黄海中部缓慢移动,逐渐靠近山东半岛南岸附近海域,并在漂移过程中迅速生长,最终在 6 月 29 日大量的漂浮浒苔覆盖了青岛约 600km² 海域。从浒苔从南向北的漂移路径来看,与疾风的方向基本一致。

(4)绿潮灾害造成损失惊人,且呈周期性暴发

绿潮暴发对环境造成的危害主要表现在以下几个方面:第一,破坏水体生态平衡;第二,产生有毒物质;第三,带来一系列次生环境危害;第四造成经济损失。在 2008 年青岛大型浒苔绿潮发生过程中,至少有 100 万吨的浒苔被打捞上岸,但这仅仅是汪洋大海中所漂浮浒苔中的一小部分。2009 年春,浒苔又一次在黄海聚集,受这次绿潮影响的海域面积高达 51000km²[25]。这意味着绿潮会带来难以想象的次生效应,对浮游植物群落的资源竞争、遮光等造成直接影响。势必进一步抑制微藻生长和改变群落组成,其生态效应值得密切关注。

(5)绿潮藻与赤潮藻间存在相互抑制作用

赤潮藻为单细胞藻类,藻体小,表面积大,吸收养分快,所以一旦有合适的条件,就会以很快的速度不停地繁殖。绿潮藻是多细胞生物,它的繁殖速度要比单细胞藻华生物慢,因此赤潮发生频率要远远高于绿潮。但有些绿潮藻有一种本领,就是可以分泌一些特殊的化学物质,阻止赤潮藻华生物的繁殖。长石莼(缘管浒苔)新鲜组织和干粉末对赤潮异弯藻生长均有强烈的克生效应[26]。

2.5.3　溢油灾害特征

在海洋石油资源开发过程中,由于海洋平台、海洋立管等采

油设施在风浪等海洋灾害作用下，出现故障导致输油管路破损或者海洋平台倾覆，而引起的原油泄漏就是海上溢油事故。海洋石油资源的开发难度要远远高于陆地石油资源的开发，技术因素、管理因素、海洋灾害因素均可导致海上溢油事故的发生。一旦发生海上溢油事故，对相关区域海洋环境、海洋生态系统的破坏是极其严重的，甚至是毁灭性的破坏。另外，在海洋运输过程中，由于船体触礁、碰撞、沉没等事件的发生也会导致海上溢油事件。溢油灾害属于人为海洋灾害的一种，其特征表现在以下几点。

（1）溢油灾害属于人为灾害

结合近年案例分析发现，发生溢油的原因主要有三个：碰撞、起火、爆炸、触礁、井喷等意外事故；油分或含油污染物的违章外排；操作的失误，如船体之间及码头油管集输、装船过程、船上或油库阀门操作失误。如2010年2月"亚洲之星"轮（M/T"ASIA STAR"）溢油是事故，就是一起典型的责任事故。

（2）溢油灾害危害大、影响范围广

海上船舶溢油污染事故，不仅使自然环境、生态资源受到损害，经济蒙受损失，而且严重危害人类生命和安全。在时间和空间上都会对环境、经济和社会产生巨大的负面影响。

（3）溢油灾害难估量

对海面上漂浮的油膜面积和厚度做精确地测量具有一定的困难，但不同厚度的油膜显示一定色泽的外貌特征，不同黏度的油品也具有一定的外观特征。水面上的各类油品在油膜色泽、厚度和体积之间的关系见表2-1。

表2-1 海洋溢油油膜的外观—厚度—体积关系

油品类型	颜色	油膜厚度/mm	溢油量/($t \cdot km^{-2}$)
轻质油	银色	＞0.0001	≈0.1
轻质油	彩色亮带	＞0.0003	≈0.3
原油、燃料油	黑—暗褐	＞0.1	≈100
油—水乳化物	褐—橙	＞1.0	≈1000

据初步估计,蓬莱 19-3 溢油事件共造成劣四类海水面积 840km²,油田附近海域海水中石油类平均浓度超过历史背景值的 40.5 倍,最高浓度达到历史背景值的 86.4 倍。

(4)海洋溢油事故大多属于突发性事故

海洋溢油事故没有时间上的规律性,是由于其发生主要是由于人为操作和技术方面导致,溢油事故的发生具有很强的随意性[27]。对于这种发生,很难预测。

(5)溢油事件处理处置困难

原油入海后在海面扩散,多形成似透镜状薄膜,少量高黏度的原油因不易扩散而以块状漂于海面,油膜受海面的紊流作用及风流作用扩散漂移,并随着时间和泄漏量的变化,出现形状和厚度不同的油膜、油带、碎片、油块或小油球。原油中部分的低分子烃会向海水中扩散甚至溶解或向大气挥发,而重烃组分却基本保持不变。因此,需要清理原油的自然途径需要靠生物降解,目前已经发现 200 多种微生物能够降解原油,但降解速度普遍缓慢,需要几个月甚至数年后才能彻底完成。

通过物理方法——沉降处理技术来处理大量溢油,即将密度较大的亲油性物质与溢油混合使其沉降至海底,通常使用的材料主要有碳酸钙、石膏、沙子等,该法只能限定于特定海域、特定条件下使用。如在渔场区使用,则会对渔网具有污染作用,同时沉降后的溢油亦会对海底鱼、贝类产生污染,如果使用在受潮流影响较大的养殖区,其危害将更大[28]。

处理溢油的化学方法包括凝集沉降处理、凝固浮上处理、乳化分散处理及燃烧处理。但是这些方法都在一定程度上存在弊端:凝集沉降和凝固浮上处理法中用到的油凝固剂对低黏度油的效果较好,而我国生产的原油大多为高黏度原油;乳化分散处理法在对高黏稠油及在低温(10℃以下)下使用时乳化率低或无效,消油剂用量大,费用昂贵;而燃烧原油的处理方法则会使原油在海面燃烧时产生有害气体,巨大的油烟会影响到人员、设施、船舶和飞机的安全,很容易造成二次污染。

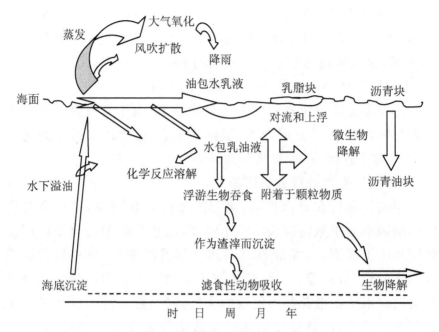

图 2-4　溢油在海洋环境中的物理、化学和生物变化

2.6　海洋灾害应急管理相关理论

2.6.1　自然灾害理论

自然灾害（natural disaster）是指由自然原因或人为因素影响形成的，在相对广泛的范围内，对人类生命财产、生存环境和社会资源等的破坏事件[29]，这种事件超出了人类的应对能力。如地震、台风、风暴潮、暴雪、泥石流等突发性自然灾害，水土流失、土地沙漠化、生态环境退化等缓发性自然灾害。影响自然灾害破坏程度因素有三个：致灾因子（hazard）H、孕灾环境（environment）E 和承灾体（exposure）S。或者说致灾因子 H、孕灾环境 E 和承灾体 S 综合作用导致了灾害的发生[30]，因此灾害 D 可以表示为：

$$D = E \cap H \cap S$$

其中,致灾因子 H 是灾害产生的充分条件,可以说灾害是各种致灾因子造成的后果;承灾体 S 是放大或缩小灾害的必要条件;孕灾环境 E 是影响致灾因子和承灾体的背景条件。目前对自然灾害理论的研究主要是集中在以下几种理论上。

(1)致灾因子理论

致灾因子是可能造成人身伤亡、财产损失、环境破坏等各种灾害的自然现象或社会现象,如台风、暴雨、地震、泥石流、火山喷发、风暴潮、爆炸等。致灾因子不能等同于灾害,一个简单的例子,如果地震发生在无人的沙漠或者大洋深海就不会造成灾害。致灾因子可以分为自然致灾因子、人为致灾因子和技术致灾因子三种类型。

致灾因子理论认为致灾因子是导致灾害发生的决定性因素,海洋资源开发过程中的防灾减灾和应对灾害的核心是把握致灾因子发生的时空规律、发展的趋势并对其发展过程进行监测,必要时进行人工干预。在实践中,通过提高致灾因子预测预报的准确程度,为各行业发展提供技术参数。

(2)孕灾环境理论

孕灾环境是指地球表面的土地、山川、河流、海洋等构成的地球表层系统,由岩石圈、水圈、大气圈、人类社会圈构成,可分为自然环境和人文环境。任何灾害都是发生在具体孕灾环境中,如海洋灾害发生在海洋环境(包括海岸带)中。所以,孕灾环境的改变会改变灾害发生的频率、强度等。

孕灾环境理论认为地理环境是影响灾害发生的重要因素,环境的恶化在某种程度上会使某种灾害加剧,如耕地的土壤沙漠化加剧了我国西部地区的沙尘暴灾害;同样环境的改善在某种程度上可以控制某种灾害的发生,如我国西部地区通过植树种草提高地表的森林覆盖率和绿化水平,可以减少水土流失和控制沙尘天气。

(3)承灾体理论

承灾体是指地震、台风、暴雨等各致灾因子作用的对象,是直接受到灾害影响和破坏的自然社会环境。农田、鱼塘、建筑物、高速公路、防波堤等都属于承灾体。承灾体受到破坏的程度取决于自身的脆弱性（vulnerability）和致灾因子的影响，所谓脆弱性是指承灾体在受到致灾因子破坏时遭受损失的程度，也可以理解为承灾体承受致灾因子破坏的能力，承灾体脆弱性可细分为：物理脆弱性、经济脆弱性、社会脆弱性和环境脆弱性。承灾体脆弱性越强，对灾害的承受能力就越弱。

承灾体理论认为通过改善承灾体的脆弱性，就可以降低灾害损失或减少灾害的发生。通过对常见承灾体分类，承灾体脆弱性评估，承灾体脆弱性变化动态监测，可以在某种程度上解释灾害灾情扩大的原因。

（4）区域灾害系统理论

区域灾害系统理论不同于前面的致灾因子理论、孕灾环境理论等三种理论，该理论不强调某一方面起主要作用，而是把灾害看作一个复杂系统，由致灾因子、孕灾环境、承灾体共同作用的巨系统。Button、Blaikie、史培军等都发展了该理论，分别从改善环境、降低承灾体脆弱性等方面进行了研究。

2.6.2 可持续发展理论

可持续发展理论的提出源于人类对环境问题的认识和关注，20世纪50—60年代，伴随着工业化的百年进程而来的是人口剧增、贫富差距、环境破坏、能源枯竭等矛盾和问题的凸显，因此，国内外诸多学者开始关注人类社会的发展方式问题，可持续发展理论便应运而生，该理论提出和发展应用近半个世纪以来，被广泛应用于自然科学和社会科学的各个领域。可持续发展围绕什么是发展，如何实现发展，如何解决发展过程中的经济发展与资源、生态环境之间的矛盾等问题展开论述。面对全球范围内人口猛增、资源锐减、环境破坏、贫富差距等一系列矛盾和问题，可持续发展提出既要满足当代人的需求又不对后代人满足需要的能力构成危害,是经济、社会、资源、环境协调一致可持续的发展模式。

(1)理论产生的过程

1962 年,美国生物学家 Rachel Carson 在她的环境科普著作《寂静的春天》里面,描述了一幅缺少鸟儿鸣叫的春天的画面,暗示人们如果继续滥用农药将会导致鸟儿的灭绝,人类将失去美好的春天。该著作引起世界范围内的轰动,引发了人们对发展观念的思考。1972 年,美国学者 Barbara Ward、Rene Dubos 的成名著作《只有一个地球》,推动了人们对生存环境的认识观念向前发展;同年的研究报告《增长的极限》明确提出"持续增长"、"合理的持久的均衡发展"等概念。1987 年,联合国世界环境与发展委员会在《我们共同的未来》报告中,提出可持续发展是既满足当代人的需求又不对后代人满足需要的能力构成危害的发展。1992 年,联合国环境与发展大会上,可持续发展理论得到人类广泛的共识与承认。

(2)理论内涵

可持续发展理论虽然最初由生物学家提出,但从该理论诞生就被广泛应用于经济、社会、资源开发等领域。可持续发展是全面、协调、可持续的发展,是共同发展、公平发展、高效发展、多维发展等发展模式的统一。

第一,可持续发展理论不反对经济增长,要求发展必须可持续。也就是说,可持续发展反对以经济利益为唯一目的的发展方式,反对粗放型的、资源掠夺性的发展模式。在经济增长满足当代人发展需求的同时,考虑到生态环境的承受程度和子孙后代的发展需要。

第二,可持续发展的本质是寻求经济发展与环境、生态、社会等的动态平衡。传统的经济发展道路走的是一条"先污染,后治理"的道路,经济发展的代价是环境恶化、生态破坏、社会不可承受。可持续发展吸取了工业化发展过程中的这些教训,谋求经济发展与环境、生态、社会可承受之间动态平衡的稳定状态。

第三,可持续发展以提高人们的生活质量为目标。可持续发展就是为了满足人类日益增长的对物质、文化、精神等的需求，使得人人共享发展的成果，使得人的发展与整个社会的进步相适应。

第四，可持续发展的核心在于其公平性，可持续发展维持了当代人和子孙后代的经济福利，当代人的发展不能以透支后代的经济福利为代价，实现了永续发展。

（3）可持续发展理论是开发利用海洋资源，实现防灾减灾的理论基础

第一，可持续发展理论指导下的防灾减灾，是实现永续开发利用近海海洋资源的重要途径。在近海海洋资源开发过程中，各种海洋灾害是最大的干扰因素。从某种意义上讲，赤潮、绿潮等海洋生态灾害和风暴潮、台风等海洋气象灾害反映了人类的发展触及了海洋生态环境和大气自然环境的底线，进而影响了人类开发海洋的活动。因此，人类开发利用海洋资源的行动必须以可持续发展理论为指导，实现海洋资源开发与海洋生态环境、自然环境、经济社会等的协调一致。

第二，近海海洋资源开发是实现人类社会可持续发展的重大需求，是可持续发展理论研究领域的重大问题。随着世界人口的增加和人们生活水平的提高，陆地资源已不能满足人类发展的需求，世界范围内的沿海各国都在开发利用海洋资源。进入 21 世纪，人类开发利用海洋资源的脚步越来越快，范围越来越广，开发难度越来越大，遇到的问题也愈发棘手。可持续发展理论是解决这一领域各种矛盾和问题的有效准则。

2.6.3　应急管理理论

应急管理是 20 世纪 90 年代以来，针对自然灾害、事故、社会公共事件等突发事件，学界发展和建立起来的一门新兴学科。应急管理的对象是突发事件，和应急管理的概念一样，突发事件也尚无统一的、普遍接受的概念。通常认为，突发事件就是突然发

生的事情：第一，事件发生突然、发展速度很快；第二，常规方法难以应对，只能运用非常规的手段解决[31]。针对突发事件以上两个特点，应急管理必须要涉及到诸多环节、诸多要素，而且时效性决定了管理的有效性。从纵向上看，应急管理涉及日常监测与预警、事件评估、应急响应、抢险救灾与救援安置、灾后重建等环节；从横向上讲，应急管理涉及气象、水利电力、地质地震、卫生环保、新闻民政、消防、安全生产监督等诸多政府部门和行业，因此，应急管理是一个社会性系统工程。

（1）应急管理的概念

虽然应急管理没有一个被学界普遍接受的定义，但是在应急管理理论发展的过程中，针对管理过程、行动、管理职能、理论和方法体系等方面均有文献做出定义，比较有代表性的定义见表2-2所示。

表 2-2　应急管理的定义

类　别	时　间	代表人物	主要观点
过程观点	1999 年	美国联邦紧急事务管理署	对突发事件的准备、缓解、反应和恢复的动态过程[32]
	2006 年	计雷，等	分析突发事件的原因、过程和后果，有效聚集社会各方资源，预警、控制和处理突发事件，达到降低事件危害，优化决策的目的[33]
行动观点	2004 年	詹姆斯·米切尔	对即将或已经出现的突发事件，采取的事前备灾预防、事中控制行动和事后救援工作[34]
管理职能观点	2007 年	布朗查德，等	是一种管理职能，创建一个框架，在框架范围内降低社区的脆弱性，提高应灾能力[35]
理论和方法观点	2007 年	陈安，等	基于突发事件的原因、发生发展过程及所产生的负面影响的分析，有效聚集社会各方资源，有效应对、控制和处理突发事件的理论和方法[36]

通过以上定义可见，应急管理运用管理的计划、组织、领导、控制、协调等基本职能，侧重于灾害或突发事件的事前预防、事中

控制和事后处理。从短期看,针对自然灾害、事故灾难、公共卫生事件和社会安全事件的应急管理能否取得成效,关键在于制度、技术和管理三个方面。所谓制度,就是总结以往应对突发性事件的经验和教训,借鉴国外先进管理经验,建立和健全全国范围内应对突发性事件预警预防、救助和保障的法律、政策及组织安排体系。所谓技术,就是加快先进科学技术在突发性事件预测预防和救援过程中的应用,把技术转化为应对突发性事件的手段,不断提高人类认识自然、了解自然的能力。所谓管理,就是运用系统工程理论、优化决策理论、博弈理论、计算机信息管理手段,建立基于计算机信息系统的突发性事件应急智能决策支持系统。从长远来看,我们应当深刻思考现有发展方式的科学性、合理性和可持续性。从根本上改变资源过度开发、环境遭受破坏的低级、粗暴的经济发展模式,建立人与自然和谐相处、资源合理利用、生态环境美好的科学发展模式。

（2）应急管理理论模型

20世纪50年代以来,西方学者热衷于研究现代危机管理理论,Steven Fink、Robrt Heath提出了四阶段模型,Ian I. Mitroff提出五阶段模型,Augustine提出六阶段模型[37]。这几个理论模型把应急管理过程划分为不同阶段,每个阶段对应不同的任务,具体内容见表2-3,其中Steven Fink、Robrt Heath的四阶段模型是学界最为认同的。

表2-3　应急管理理论模型

类　型	代表人物	阶段划分	主要内容
四阶段模型	Steven Fink	征兆期 发作期 延续期 痊愈期	用医学术语描述危机的生命周期,征兆期表示有迹象显示潜在危机发生的可能;发作期表示伤害性事件发生并引发危机;延续期表示危机影响持续和努力消除危机的过程;痊愈期表示危机事件已经完全解决

续表

类　型	代表人物	阶段划分	主要内容
4R 模型	Robrt Heath	缩减阶段 预备阶段 反应阶段 恢复阶段	从管理学角度将危机管理按照 4R 模型划分为四类，减少危机情境的攻击力和影响力，使之做好处理危机情况的准备，尽力应对已经发生的危机以及从危机中恢复
五阶段模型	Ian I. Mitroff	信号侦测阶段 探测及预防阶段 控制损害阶段 恢复阶段 学习阶段	从工程技术角度划分：识别新危机发生的警示信号并采取预防措施；组织成员搜寻已知危机风险因素并尽力减少潜在损害；组织成员努力使危机不影响组织运作的其他部分或外部环境；尽可能快地让组织恢复正常运转；回顾和审视所采取的管理措施，为今后管理奠定基础
六阶段模型	Augustine	危机的避免 危机管理准备 危机的确认 危机的控制 危机的解决 从危机中获利	从商业管理角度划分：危机避免是简便经济的办法；危机准备包括行动计划、通信计划、消防演练和建立重要关系等；危机确认通常富有挑战性；危机控制要根据不同情况确定工作的先后顺序；危机解决速度是关键；从危机中获利要及时总结经验教训

（3）应急管理体系

应急管理体系是一个十分庞大的社会系统工程，应急管理最根本的特点是综合性和全过程性，因此应急管理体系涉及一个国家几乎所有的行业、政府职能部门和社会公众。政府职能部门、军队、非政府组织、企业和社会公众是应急管理的主体，通过管理主体有效的管理为全社会提供公共产品—公共安全；应急管理的客体共有四大类：自然灾害、事故灾难、公共卫生事件、社会安全事件；另外，应急管理是全过程的管理，包括事件发生之前的预防预警、事件发生过程中的控制和事后恢复重建等阶段。

我国的应急管理体系形成时间较短，但经历了从部门应对单一事件或灾害到全社会综合协调的应急管理。学界普遍认为，2003 年的重大突发性事件 SARS 爆发，考验了我国应对突发事件的能力，也是我国社会化综合应对突发事件以及应急管理实践的开始。2002 年党的十六大以来，我国明显加强突发性事件的应急管理工作，先后通过《国家突发公共事件总体应急预案》、专项预案、部门预案共计 106 部，另外，还有若干企业预案；其次，我国明显加强社会预警体系和应急机制建设，全面提高政府应对突发性事件的综合能力，以政府、企业、公众为主体的应急管理纳入经常化、法制化、科学化的轨道；再次，2007 年 8 月，我国颁布实施《突发公共事件应对法》，以该项法律为核心，联合《气象法》《防震减灾法》《消防法》等法律，《自然灾害救助条例》《气象灾害防御条例》《军队参加抢险救灾条例》等行政法规，以及《国家突发公共事件总体应急预案》、专项预案、部门预案等预案，共同构成我国应急管理法律体系，为应急管理各个阶段的工作提供了法律依据。

综上所述，我国应对突发公共事件应急管理体系可归结为"一案三制"。"一案"是指应急预案体系，应急预案是应急管理体系的起点，具有纲领和指南的作用，体现了应急管理主体的应急理念。我国的应急预案体系主要包括以下六类：一是突发公共事件总体应急预案，二是突发公共事件专项应急预案，三是突发公共事件部门应急预案，四是突发公共事件地方应急预案，五是企事业单位应急预案，六是重大活动主办单位制定的应急预案。"三制"分别是指应急组织管理体制、应急运行机制和监督保障法制。应急组织管理体制就是要建立健全集中统一领导、政令畅通、执行力高效、坚强有力的指挥机构；应急运行机制就是要建立健全监测预警机制、应急管理信息沟通机制、应急管理决策机制和协调机制；监督保障法制就是通过健全立法、严格执法，使突发性事件应急管理逐步走上法制化、规范化、制度化的轨道。表 2-4 是我国应急管理体系。

表 2-4 我国应急管理体系[37]

类别	主管部门	应急预案	法律体系	
自然灾害	水利部； 民政部； 国土资源部； 中国地震局； 国家林业局	国家自然灾害救助应急预案； 国家地震应急预案； 国家防汛抗旱应急预案； 国家突发地质灾害应急预案； 国家处置重、特大森林火灾应急预案	气象法； 防洪法； 防震减灾法； 军队参加抢险救灾条例； 汶川地震灾后恢复重建条例； 公益事业捐赠法	中华人民共和国突发公共事件应对法
事故灾难	安监总局； 交通运输部； 铁道部； 住房和城乡建设部； 电监会	国家核应急预案； 国家突发环境事件应急预案； 国家通信保障应急预案； 国家处置城市地铁事故灾害应急预案； 国家处置电网大面积停电事故应急预案	安全生产法； 消防法； 煤炭法； 国务院关于预防煤矿生产安全事故的特别规定； 煤矿安全监查条例	
公共卫生事件	卫生部； 农业部	国家突发公共卫生事件应急预案； 国家重大食品安全事故应急预案； 国家突发重大动物疫情应急预案； 国家突发公共事件医疗卫生救援应急预案	突发公共卫生事件应急条例； 传染病防治法； 动物防疫法； 食品卫生法	
社会安全事件	公安部； 中国人民银行； 国务院新闻办； 国家粮食局； 外交部	国家粮食应急预案； 国家金融突发事件应急预案； 国家涉外突发事件应急预案	国家安全法； 中国人民银行法； 民族区域自治法； 戒严法； 行政区域边界争议处理条例	

2.6.4 自然灾害风险管理理论

"风险"一词最早出现在 19 世纪末的西方经济领域著作中,进入 20 世纪被广泛应用于社会各个行业和领域。通过对比诸多学术著作和文献,笔者发现不同国家地区、不同文化背景、不同行业领域对风险的认识是不同的,甚至在同一行业技术人员和管理人员对风险的理解也存在偏差,技术人员更加注重技术本身可靠性和安全性,管理人员侧重于运用管理策略从整体避免风险事件的发生。归纳总结风险的含义,最常用的有两种:一是危害本身,通常用事件发生的概率来描述危害的不确定性;二是对象或客体遭受危害或破坏的可能性[38]。同样的,自然灾害(海洋灾害属于自然灾害)风险也包括两种含义:一是自然灾害本身,也就是自然灾害发生的不确定性;二是自然灾害可能给人类社会造成的危害或破坏,前者被称为致灾风险或致险可能性,后者被称为风险损失。风险损失是由风险事件作用在特定客体之上导致的人员伤亡、财产损失、环境破坏等损失的可能性。自然灾害风险通常用下列公式表达:

自然灾害风险＝致灾因子危险性×承灾体脆弱性

式中,致灾因子危险性、承灾体脆弱性的含义在自然灾害理论部分均有详细阐述,故在此不再赘述。

(1)自然灾害风险特性

①不确定性:一是自然灾害发生有其概率;二是客体(承灾体)损失的可能性。这说明灾害风险和损失风险均具有不确定性,目前对于自然灾害不确定性的把握主要依赖于实时监测和数据处理分析得到结果。

②危害性:自然灾害发生在特定的时间、地点会对人类社会的物质财富、精神财富以及生态环境造成危害性后果。

③可变性:自然灾害风险具有可变性,几乎没有任何两次自然灾害事件在发生时间、地点、破坏程度等方面是完全一致或大

致相同的。自然原因的变化、人为因素的作用、社会易损性的变化、灾害影响因素的多变性均会对自然灾害风险产生影响。自然灾害动态可变,目前对其可变性把握主要通过 GIS、RS 等手段实现实时监测和预报预警。

④复杂性:自然灾害风险的复杂性主要体现在致灾因子的频率和强度具有可变性,孕灾环境有区域差异性,承灾体脆弱性具有可变性,区域应灾能力会受到经济社会发展水平、公众安全意识、政府应灾能力的影响而差异很大。

(2)自然灾害风险管理内涵

全球气候变化、突发性极端天气事件频发和人类经济社会的全面发展,使得自然灾害造成的破坏有加剧的趋势。面对这种不利趋势,加强灾害管理工作十分紧迫。自然灾害风险管理要"知其然",更要"知其所以然";要避免历史上曾经出现过的"头痛医头、脚痛医脚"的短视行为,要从日常灾前预警预防、宣传教育做起,逐步培养和树立民众的安全意识、危机意识和自我保护意识。针对当前各种灾害交叉重叠,灾害的危险性和破坏性加大,灾害管理要变被动接受为主动控制,运用综合灾害风险管理策略,在灾害管理全过程,协调调用全社会的一切资源共同应对自然灾害。要综合运用技术、经济、管理、法律、行政、工程等有效手段,最大限度地预防、控制和减轻自然灾害造成的损失,以最低成本实现最大限度地保障人民生命财产和社会安全,最大限度地实现人、自然、环境的可持续发展。《国家综合防灾减灾"十二五"规划(2011—2015)》中明确指出:"统筹考虑自然灾害及灾害过程的各个阶段,综合运用各类资源和多种有效手段,充分发挥政府在防灾减灾中的主导作用,积极调动各方力量,全面加强综合防灾减灾能力建设,切实维护人民群众生命财产安全,有力保障经济社会全面协调可持续发展。"

自然灾害风险管理贯穿灾害发生、发展、消亡的全过程,综合运用风险规避、风险转移、风险保留等一切风险管理手段应对灾害风险。灾害风险管理应当常态化,首先要做好日常灾害风险监测和记录,逐步形成数据资料;其次要做好灾害预测预警,把灾害的有效信息向社会传递;再次要做好灾害发生过程中的应急管理工作,总结以往各类自然灾害的特征和应对灾害的措施、经验,综合考虑应急管理过程中可能出现的各种状况,事先做好预案。对于能够避免或在一定程度上可以控制的灾害,要运用一切有效手段降低灾害发生的概率和强度;对于不能避免、不能克服的灾害,通过准确的预测预警,事先做好防控和应对措施,把灾害损失降到最低。

2.6.5　海洋综合管理理论

海洋是 21 世纪举足轻重的战略资源,不远的将来人类要像开发陆地一样去开发利用海洋,甚至开发利用海洋的程度要远远超过陆地,远远超出现在人们的想象。海洋资源在属性上不同于陆地资源,独特的属性决定了海洋资源的开发利用必须要综合、可持续,同时在管理上实施综合管理。

(1)海洋综合管理思想的提出

海洋综合管理思想是伴随着近代人类开发利用海洋资源而逐步提出的。20 世纪 30 年代,美国部分学者提出:采用综合管理的方法统筹考虑开发利用大陆架外部边缘的空间和海洋资源。20 世纪 70 年代末,伴随着全球范围内的海洋资源大规模开发,很多国家出现了近海海洋资源枯竭、水质恶化和海洋灾害频发等一系列严重的负面问题。因此,在 20 世纪 80 年代,海洋综合管理被人们用来解决 70 年代末出现的负面问题,并且逐步受到重视。

1982 年,联合国通过《联合国海洋法公约》,此公约为世界各国综合管理海洋提供了依据、奠定了基础;1989 年 11 月,第 44 届联合国大会专题报告《实现依海洋法公约而有的利益:各国在开发和管理海洋资源方面的需要》中全面、详细阐述海洋综合管理的意义、目标和任务,号召世界各沿海国家在开发利用海洋资源过程中贯彻综合管理的思想。1992 年,联合国通过《21 世纪议程》,这标志着海洋综合管理作为世界沿海国家的一项基本制度确定下来。

（2）海洋综合管理的含义

海洋综合管理理论提出初期,20 世纪 80 年代以前,人们对于该理论的理解是很简单的:"就是在特定区域内,把人类的开发活动、海况、海洋资源统筹考虑"。1996 年的《中国海洋 21 世纪议程》把海洋综合管理界定为:从国家整体利益出发,通过立法、方针政策、规划的制定和实施,以及组织协调有关产业部门和沿海地区在开发利用海洋中的关系,以达到合理开发利用海洋资源、保护海洋生态环境、维护海洋权益,促进海洋经济持续、健康、稳定发展的目的。经过近 20 年海洋管理实践,中国及世界各国的很多专家学者丰富和发展了海洋综合管理理论。海洋综合管理的内涵可以总结为以下几个方面的内容。

①海洋综合管理属于海洋管理的一种类型,需要运用计划、组织、领导、控制等管理职能进行管理。目前来看,海洋综合管理包括海洋资源、海洋环境、海洋执法检查、海洋科技与调查、海洋自然保护区、海洋公共服务、海洋权益等管理内容。与其他海洋管理所不同的是,海洋综合管理不局限在某一地域、某一行业,而是从海洋开发的全局和根本利益出发,对海洋开发活动整体统筹协调的高层次管理形式。

②海洋综合管理的目标,是从国家海洋整体利益出发,集中于发挥海洋整体系统功效和创造可持续开发利用海洋资源的现实条件。这一目标是局部地域管理和行业管理难以企及的。

③海洋综合管理侧重于整体性、全局性、综合性和科学性,是一种从上而下系统化的战略级管理模式,较少深入某一行业领域的具体活动,因此,海洋综合管理运用的管理手段必须是战略级的法律手段、行政手段和经济手段。

综上所述,海洋综合管理涵盖海洋立法管理、海洋权益管理和海洋规划三大主体职能,细分则包括海洋资源管理、海洋环境管理、海洋执法检查管理、海洋科技与调查管理、海洋自然保护区管理、海洋公共服务管理、海洋权益管理在内的七个方面的管理任务。海洋综合管理的本质是从国家海洋整体利益出发，以实现海洋可持续开发为目标，通过综合运用法律、行政、经济等管理手段，规范各个主体的海洋开发行为，保护海洋生态环境，最终实现海洋的社会效益、经济效益、环境效益的最佳统一。

2.7 本章小结

本章主要从海洋生态灾害的孕灾环境、致灾因子、成灾链条、灾后影响等角度，辨识赤潮、绿潮、海洋溢油等海洋生态灾害的主要特征，重点分析了绿潮、赤潮、海洋溢油灾害与其他灾害在潜在性、突发性、随机性、扩散性、破坏性等方面的差异性，从而明确赤潮、绿潮、溢油等生态灾害应急机制的主要作用对象及应用环境，为进一步分析生态灾害应急机制的薄弱性奠定理论基础。

第3章 海洋生态灾害应急机制特殊要求
——基于典型案例视角分析

3.1 赤潮灾害

进入 20 世纪 60 年代以来,随着工农业的发展,城市污水和工农业废水大量排放入海,赤潮现象与日俱增。在日本,1955 年以前仅记录了 5 次,而时过 10 年后的 1965 年,一年中就发生了 44 次,1976 年竟高达 326 次。我国也不例外,60 年代以前,仅记录了 4 次,70 年代记录了 20 次,80 年代记录了 75 次,进入 90 年代,赤潮更是频繁发生,下表反映了进入 21 世纪后我国赤潮发生次数及损失金额。

表 3-1 2000—2015 年我国赤潮灾害损失表

年份	发生次数	累计面积(km²)	直接经济损失(亿元)
2000	28	10650	1.5
2001	77	15000	10
2002	79	超过 10000	0.2
2003	119	14550	0.43
2004	96	26630	0
2005	82	27070	0.69
2006	93	19840	—
2007	82	11610	0.06
2008	68	13738	0.02

年份	发生次数	累计面积（km²）	直接经济损失（亿元）
2009	68	14102	0.65
2010	69	10892	2.06
2011	55	217	0.03
2012	73	627.7	20.15
2013	46	4070	0
2014	56	7290	—
2015	35	2809	—

资料来源：国家海洋局，2000—2015 年《中国海洋灾害公报》

　　近 20 年来我国沿海赤潮灾害日益频繁的根本原因在于陆源污染物的大量排放、船舶排污及碰撞溢油、海上石油开采溢油增加、近岸养殖过度、近岸旅游造成环境污染等。据预测，受海洋环境状况的影响，由上表可以看出，在今后一段时间内，我国的海洋赤潮发生仍处于高峰期，如果不及时采取有效措施，由赤潮带来的直接经济损失将会进一步增加，对沿海地区的经济及社会发展带来不利的影响。

3.1.1　赤潮灾害典型案例回顾

　　我国每年都会发生多次影响程度不同的赤潮灾害，1998 年渤海发生一次规模巨大的赤潮，此次灾害持续了 71 天，面积达到 104km²，造成海洋渔业及水产养殖业直接经济损失约 5.6 亿元。2012 年我国深圳南澳海面出现较大面积夜光藻赤潮，靠近岸边的海面已变成赤红色，受污染的海面约有一个足球场大。海面上漂浮着大量垃圾，海水也泛着阵阵恶臭。2012 年 4 月 10 日，深圳市海洋环境与资源监测中心工作人员到深圳东部海域南澳月亮湾进行水样化验，认定这里出现的较大面积红褐色物质是由一种名叫"夜光藻"的藻类因大量繁殖所导致的赤潮，数天前在大梅沙西部也出现小范围赤潮。

3.1.2　赤潮灾害应急机制特殊性要求

赤潮是我国沿海不容忽视的自然灾害,《中国海洋21世纪议程》中将赤潮列为海洋环境监视监测的重要内容。一般认为完整的赤潮发生发展过程,与浮游植物的理想生长曲线相似,分为四个阶段,起始阶段、发展阶段、持续阶段和消亡阶段。而灾害应急管理也包括四个阶段的工作:灾害前的预防、灾害来临的准备、灾害爆发期的应对、灾害结束期的恢复。赤潮本身难预测、危害大的特征,决定了赤潮灾害应急机制一定的特殊性[39]。

(1)赤潮起始阶段,监测加预防

赤潮起始阶段,相当于藻生长曲线的延迟阶段的后期,此时,浮游植物细胞大部分处于高活性状态,为转入赤潮发展期准备了生物条件。此阶段未有明显表现,当海区的理化环境基本能满足赤潮藻生长繁殖时,具有较强竞争力的藻类呈现一定程度增殖。

(2)赤潮发展阶段,监测加整改

赤潮发展阶段赤潮藻数量迅速增加,浮游植物多样性指数迅速下降、营养盐浓度呈明显下降。水中溶解氧含量,叶绿素a含量,pH值和浊度等明显升高。在这一阶段任何环境因素朝着不利于赤潮生物迅速生长繁殖或聚集方向的改变都可能阻碍、推迟或终止赤潮形成。

(3)赤潮维持阶段,监测加破坏

指赤潮现象出现后,保持高赤潮生物量的时段。其持续时间长短,取决于水体的物理稳定性,各种营养盐的消耗和补充状况。若水文气象条件继续有利于使水体保持稳定,且能获得必要的营养盐补充,以满足维持高藻生物量的需要,则赤潮可能持续较长时间,否则,可能快速转入消亡期。

(4)赤潮消亡阶段,监测加修复

赤潮消亡阶段,赤潮生物量急剧下降,赤潮现象消失阶段。引起赤潮消亡原因可能有:水文气象条件急剧改变,不利于藻生物增殖与聚集；营养盐耗尽，又不能获得必要补充；捕食压力增强；藻生物活性明显降低。这阶段赤潮藻生长处于生长曲线的消失期。

这阶段末期的特征是：赤潮藻生物量很低，营养盐浓度急剧回升，浮游动物量高，底层水溶解氧含量可能较低或很低。

赤潮消亡过程，经常是赤潮对渔业危害最严重阶段，尤其是重度赤潮。大量赤潮生物死亡后，其尸体分解耗去水中大量溶解氧，造成水体缺氧，尤其是底层出现严重缺氧，使大量水产生物因缺氧而大量死亡。尸解过程还可能产生一些有害物质，如HZS等。

3.1.3 赤潮灾害应急机制的制定原则

随着赤潮现象在世界范围内的日趋频繁，其危害性也日趋严重。为保护海洋渔业资源，保证海水养殖业的发展，维护人类的健康，避免和减少赤潮灾害，制定赤潮灾害应急机制应遵循以下原则。

（1）预防为主

海洋专家们一致认为，科学治理赤潮的方法依然是以防为主，防治结合。

A. 增强全民保护海洋环境的意识

增强全民的环保意识，向全社会宣传赤潮的科普知识，达到家喻户晓，人人皆知，呼吁全社会高度重视，保护海洋环境。

B. 控制污水入海量

实行排放总量和浓度控制相结合的方法，控制陆源污染物向海洋超标排放。在工业集中和人口密集区域，以及排污水量大的工矿企业，建立污水处理装置，严格按污水排放标准向海洋排放，逐步改变近岸海域污染状况。

C. 制定相关的政策和措施

制定相关的政策和措施控制沿海地区和流域的氮、磷施用量和排放;建立沿海陆域氮、磷和有机污染物的控制机制;加大污染源的治理和区域污染整治的力度。以人为本,最大限度减少灾难对人们造成的损失。

D. 科学合理的开发和利用海洋

为避免和减少赤潮灾害的发生,应增加全局观念,从全局出发,科学指导海洋的开发和利用,做到积极保护,科学管理,全面规划,综合开发。

海水养殖业应积极推广科学养殖技术,加强养殖业的科学管理,控制养殖废水向海洋排放,保护养殖水质处于良好状态,可以鱼、虾、贝、藻等混养,海洋渔业要注重渔业资源的再生能力,为达到生态环境的良性循环,进行科学捕捞,文明作业,严禁掠夺式生产;增殖、放流经济鱼、虾、贝等优质品种,以期恢复良好的食物环节,充分利用水域生产力,营造良好的生态环境[40]。

(2)建立赤潮预报系统

在现有的全国海洋环境监测系统和网络的基础上,初步建立赤潮监测预测系统;调动沿海渔民、养殖户等的积极性,专业队伍和群众相结合,对近海进行赤潮的大范围、高频率的监测;及时掌握赤潮发生前后的资料和信息;为国家地方政府的及时预警、做出应急决策、采取应急措施等提供依据。

建立长期监测站和监测项目,累计数据资料。拟建专家顾问组,提供技术支持和咨询;开展有毒赤潮早期诊断工作,保证赤潮信息的全面可靠和正确。

(3)加强赤潮的管理和减灾工作

确立赤潮监测体系和信息传输与管理体系;规定赤潮信息发布等级和范围;形成赤潮报告、信息传输、应急响应、信息发布等制度;编制赤潮灾害应急计划初步形成赤潮灾害决策机制、指挥调度机制、财政支持机制和减灾措施方案等。

(4)重视海洋环境保护的科研工作

除专门的环境保护部门,设立海洋环境研究机构以外,沿海各省、市等也要设立海洋环境研究科室,河北农大水产学院于

1998年已经开设水域环境保护专业，从各自的角度研究保护港湾和海域生态环境技术，当发现某些海域污染加重有出现赤潮的可能时，就能及时向该海域提供污染程度信息，以便该海域加强环境调控和管理[41]。此外，还要加强赤潮研究的国内外交流与合作，加速赤潮科研成果的转化，为赤潮灾害的预防、监控、减灾和治理提供科学技术支持。

（5）制定赤潮应急预案

A. 与其他海洋灾害相比，赤潮历时短，限于目前的研究水平，对其前兆现象的认识还不足以进行预测。

B. 对赤潮信息获取的途径有限：近海定期或不定期的船舶和飞机监测，海上科学考察船和商船、渔船、海上石油平台的情况报告，沿海地区工业和农业、渔业部门的报告，政府的群众的报告。

C. 赤潮应急调查包括赤潮的发生范围、赤潮生物的种类与数量分布、赤潮毒素的初步鉴定以及提出应急处理意见和方法等。

D. 预防为主，多方联动，启动赤潮防灾减灾应急响应机制预案，组织做好赤潮跟踪监测工作，严禁在赤潮发生区域从事捕捞生产，附近养殖品种全部转移，并加强对赤潮发生海域的海洋生物贝毒的检测，确保受赤潮毒素影响的海产品不流入市场。

3.2 绿潮灾害

绿潮灾害是指海洋大型藻爆发性生长聚集形成的藻华现象。世界现有大型海藻6500多种，其中有数十种可形成绿潮。绿藻门的浒苔、江篱、松藻、石莼等都可形成绿潮。绿潮形成的机理目前尚不十分清楚，一般推测可能与赤潮形成的原因类似，即海水富营养化和海洋生态结构改变导致了大型海藻爆发性生长和聚集。绿潮爆发期间，大型藻类往往覆盖大片海域，大量藻类聚集消耗海水中的大量氧气，造成其他海洋生物窒息[42]。数量众多的藻类受潮水冲击堆积在海岸带,腐烂变质,严重影响海滨景观,并造成空气污染。

绿潮发生的季节与赤潮相似,夏季是绿潮的高发季节。其覆盖面积大的可达数十平方千米,并可随风、海流不断漂移。绿潮对滨海旅游业的影响巨大,很多著名旅游区都曾遭受过绿潮袭击。美国佛罗里达州近海,几乎每年都会出现由江蓠和松藻形成的绿潮。在欧洲,绿潮泛滥已经有近 30 年的历史。丹麦的罗斯基勒湾、荷兰的威斯海礁湖、意大利的威尼斯、法国的布列塔尼海滨,都遭受过以浒苔和石莼为代表的绿藻的大规模袭击。当地每年都要在打捞和清理绿藻方面投入大量的人力物力。仅 2004 年,布列塔尼地区的 72 个市全部发生绿潮,总计清理了 69225m³ 的绿藻。

近年来,我国主要滨海旅游区相继发生了几次规模较大的绿潮,这使绿潮灾害逐渐引起了全国的关注。绿潮发生主要集中在近几年,特别是 2008 年北京奥运会前夕青岛爆发的浒苔灾害引起了国际社会的广泛关注。国内关于绿潮比较早的记录是 2004 年 5 月发生在海南三亚市亚龙湾国家旅游度假区浴场的绿藻大量聚集事件,大型海藻遍布海面,并随波涌上岸,使连绵数公里的洁白海滩变成了"绿色地毯",给游客游泳带来不便,这次绿藻的品种为礁膜和浒苔。2005 年 8 月,烟台第一海水浴场出现绿潮,绿色的刚毛藻和浒苔成片的铺在沙滩上,最厚的接近 15cm,烟台市每天从沙滩上清运绿藻 40t。2006 年 8 月,烟台开发区金沙滩海水浴场再次出现刚毛藻和浒苔绿潮。2007 年 2 月海南三亚市亚龙湾海滩出现大量海洋绿藻;当年 6 月,海南琼海市万泉河出海口处出现绿潮。2007 年 7 月,青岛海域出现大量漂浮浒苔。

我国到目前为止灾情最为严重、影响最大的一次绿潮灾害于 2008 年 6 月发生在黄海中部海域。2008 年 5 月 31 日,国家海洋局通过卫星监测发现大批浒苔出现地黄海中部,影响面积约为 1200km²,实际覆盖面积为 100km²,随着浒苔的飘移和增长,6 月底浒苔的影响面积达到最大,约为 25000km²,实际覆盖面积为 650km²,位于青岛海域的奥运会帆船比赛区域内聚集浒苔面积为

$16km^2$,占该水域面积的 32%。经过大规模、高强度的拦截和清理,7 月中旬,奥帆赛场已无明显浒苔聚集,进入 8 月份以后,浒苔面积逐渐减小。此次浒苔灾害给山东、江苏造成直接经济损失 13.22 亿元。2009 年,我国在黄海海域再次爆发绿潮灾害。

2009 年 3 月 24 日首次在江苏省吕泗以东海域发现零星漂浮浒苔,6 月 4 日在江苏省盐城以东约 100km 海域处发现漂浮浒苔,分布面积约 $6550km^2$,覆盖面积约 $42km^2$。随着浒苔的漂移、生长,7 月初浒苔的分布面积达到最大,约 $58000km^2$,实际覆盖面积约 $2100km^2$,分别比 2008 年增加 132% 和 223%,主要影响山东省南部近岸海域。进入 8 月份以后,黄海浒苔逐渐减少,至 8 月下旬,山东近岸海域浒苔消失。此次黄海浒苔灾害爆发面积大,持续时间长,对渔业、水产养殖、海洋环境、景观和生态服务功能产生严重影响,山东省直接经济损失为 6.41 亿元。

3.2.1 绿潮灾害典型案例回顾

2008 年 6 月初,黄海中南部海域爆发大面积绿潮。从 2007 年至 2009 年,我国黄海海域连续三年爆发浒苔绿潮。据文献记载,2008 年夏季的浒苔绿潮是世界上爆发的规模较大的绿潮事件。

青岛市相关部门在 2008 年 6 月 12 日浒苔侵入大公岛周边海域时,迅速组织渔船开展拦截打捞,并根据浒苔发展和处置形势,于 6 月 14 日启动应急预案Ⅲ级响应,6 月 18 日又紧急启动了Ⅱ级应急响应,6 月 20 日启动了Ⅰ级应急响应,在短时间内迅速传递信息、发动渔民、调集渔船、调配物资迎战浒苔绿潮。由于此时正面临着 2008 年北京奥运会青岛奥帆赛即将开幕,这次浒苔绿潮引起了当地政府和社会的高度重视。如何尽快处置漂浮过来的大量绿藻成为当务之急。青岛市把重点放在海上打捞和陆上清运方面。在海上,由海洋、海事、港航、气象等部门及沿海区市政府组成海域打捞组,组建了一支由 1500 多条渔船、8000 多渔民组成的海上打捞船队,采取"拦"、"围"与"清"相结合的办法,大型拖网船、中型攻兜网船和小型手抄网船相补充,进行了大规模海上打捞作业。同时,山东省海洋部门组织威海、烟台、日照、潍坊、东营、滨州等沿海地市920艘大型捕捞渔船、1万多渔民组成的联合船队,在外海进行拦截打捞。在岸边,由青岛市建设、交通等部门以及市南区、崂山区政府为主,组成上陆上清运组,负责上岸浒苔的清理运输工作。

灾情发生后,青岛市及时向省政府及国家海洋局等有关部委报告灾情,请求支援。国家有关部委、省市和有关部队迅速支援青岛。国家海洋局通过飞机航拍、船舶巡航、卫星遥感等相结合的手段,对漂浮浒苔分布范围、移动趋势及消长情况进行跟踪监测,7架海监飞机先后从大连、天津、连云港和深圳转场青岛投入灾情监视监测;国家发改委积极协调国家有关部门和中央直属企业全力支援青岛,中海油、中石油、中石化等企业紧急调集施工船、急需物资设备器材和油品供应;交通运输部启动跨区域应急预案,紧急从辽宁、江苏、上海、广东等九省市调用1.8万米围油栏支援青岛;科技部、中科院、国家海洋局、农业部渔业局分别派出专家组,与山东省、青岛市的专家组成应急专家委员会,实施重点攻关,解决治理与防控技术难题;邻近省份海洋部门负责人和海洋专家来青现场协调指导,调配本省力量打捞上游海域浒苔;福建、浙江、上海、江苏等省市,开展应急监视监测,组织上游浒苔打捞和拦截工作,减轻漂移浒苔北上对青岛的压力。

浒苔绿潮在侵入青岛近海的同时也进入了奥帆赛场水域。事件发生时,大批外国运动员和教练员已到青岛开展赛前训练,一些国外媒体记者也提前来到青岛。6月28日,海面漂浮浒苔面积最大时达24000km²,其中在50km²的奥赛海域分布面积达16km²,一度影响到帆船运动员的正常训练,使即将举行的奥帆赛面临严峻形势(李玉)。为了减少浒苔对他们训练的影响,青岛奥帆委还专门成立了奥帆赛训练保障办公室,每天都与各国训练队保持联系,及时向他们通报青岛浒苔治理情况,了解他们的训练需求,并根据每天海上浒苔分布情况,专辟临时场地供运动员训练。7月11日，堆积在岸边的浒苔已基本清理干净，海上3万米流网墙顺利合围，实现了50km²奥帆赛场海域的成功保护。7月12日，奥帆赛海域浒苔清理干净，并实现了奥帆赛场海域"日清日毕"。7月14日，四方堆场浒苔清运完毕；沿海一线受损的沙滩、岸线、绿地及基础设施全面修复。8月9日，奥帆赛在青岛如期开幕。

3.2.2 绿潮灾害应急机制特殊性要求

绿潮灾害与赤潮灾害相对比，具有其自身的特点，因此制定绿潮的应急机制要与其特点紧密联系。

首先，绿潮在形成和发展过程中虽然不像赤潮一样直接产生毒素，在存活期对环境没有任何危害，可以净化海水，但死亡后，就会腐烂进而对环境造成影响。大量聚生的绿潮生物在一定程度上也会直接影响到渔业生产、沿海旅游等产业发展。这些增殖的绿潮藻能有效地吸收海水中的氮磷等营养盐，同时也会与其他藻类和浮游植物产生竞争。如不及时清理，会使海底沉积物的物理、化学环境恶化，导致底栖动物数量的减少，从而影响鱼、海鸟以及以鱼、海鸟为食物的捕食者的摄食行为。因此，在制定绿潮应急机制时，一旦发生绿潮，就应该及时打捞浒苔等藻类，防止藻类的积压和腐烂。

其次，绿潮每年周期性爆发和消亡，准确地识别其发源地是正确理解绿潮大规模爆发过程的关键，是绿潮预测预报、防控治理的重要基础。

最后，绿潮浒苔有可能成为一种海洋生物资源，但目前最大的问题在于其爆发生长的不可预期性与不可控性。

3.2.3 绿潮灾害应急机制的制定原则

（1）预防为主，及时打捞

首先控制海水富营养化预防浒苔。绿潮的首要措施和根本方法是控制海水富营养化,从根本上断绝赤潮或绿潮发生的人为因素。不过,这是目前环保工作的一大难点,所以应对绿潮的发生,还应强化浒苔绿潮的监测预警机制,加强环境管理,及时做好应急准备。

其次我们要及时打捞浒苔。绿潮一旦暴发,目前主要的治理措施是打捞。可采取机械方式或人工方式持续不断地打捞,等到水中的营养元素耗尽,绿潮自然会逐渐消退。自2007年开始,形成于黄海南部的浒苔连年漂移至山东沿海,并有部分登陆。2008年浒苔曾一度威胁青岛奥帆赛,当年青岛打捞浒苔100余万吨。但是打捞上来的浒苔必须有效地处理或综合利用,避免二次污染的发生。

(2)多途径开发利用

浒苔在食品加工和药用价值方面具有研究价值,目前浒苔传统利用的基础上,广泛开展浒苔的深精加工技术的研究以及药用价值方面的开发利用。

我们还可以利用浒苔生产饲料和制作生物有机肥。浒苔干物质中蛋白质含量11.16%、粗脂肪1.50%、粗纤维6.70%、钙1.55%;微量元素含量丰富,特别是Fe、Cu、Zn含量均明显高于同海域生长的其他藻类,而对动物有害的重金属元素(尤其是Pb和As)是同海域海藻中最低的一种。因此浒苔是生产饲料和制作生物有机肥的优质原料之一。

3.3　溢油灾害

3.3.1　溢油灾害典型案例回顾

(1)蓬莱19-3油田溢油事故

2011年6月4日和17日位于渤海中部的蓬莱19-3油田先后发生溢油事故,对渤海海洋生态环境造成严重的污染损害,此次漏油受损最严重的是我国河北乐亭县。康菲石油中国有限公司（以下简称"康菲公司"）和中国海洋石油总公司（以下简称"中海油"）支付 16.83 亿元赔偿金。其中，康菲公司支付 10.9 亿元用于补偿溢油事故对海洋环境造成的污染，同时拿出 1.13 亿元与中海油总公司的 4.8 亿元承担保护渤海环境的社会责任。加上 2011 年初农业部的 13.5 亿元渔业资源赔偿协议，蓬莱 19-3 溢油事故的官方索赔以 30.33 亿元的价码了结。

（2）美国"墨西哥湾漏油事件"

2010 年 4 月 20 日，美国石油钻井平台起火爆炸，开始漏油，情况逐步恶化。4 月 28 日后灾害升级，公司多方应对无策，美国政府全面介入。进入 6 月份，漏油影响扩大化，民众开始声讨石油公司，质疑政府。

3.3.2 溢油灾害应急行动脆弱性分析

据以往发生的海洋溢油事件来看，海洋溢油灾害应急行动的脆弱性环节主要表现在以下几点。

（1）职能分散导致处置工作很难协调

根据职能分工，油田开发造成的原油污染由海洋局负责；过往船只及沉船等可能造成的污染由海事部门负责；陆源可能造成的污染由环保部门负责排查。部门职能不同，能力也不同。其中，查找污染源的关键是油指纹鉴定，而具有油指纹鉴定能力的单位只有海洋、海事部门，需要两部门采取对同一油污样品共同鉴定的方法，来查清油污样品油指纹特征。由于部门间沟通协调不够，很难得到其他部门掌握的信息资料，给污染源排查和事件处置工作带来很大困难。

（2）没能形成统一管理的应急响应体系

国务院颁布了《国家突发环境事件应急预案》，国家海洋局发布了《全国海洋石油勘探开发重大海上溢油应急计划》，交通部发布了《中国海上船舶溢油应急计划》和各海区船舶溢油应急计划[43]。虽然相关部门均制定了各自较完善的溢油应急计划,但这些计划条块分割,均按部门管辖范围划分,应急响应效率受到制约。一旦发生大范围、多源头的溢油事故,在应急反应中多个部门之间的合作协调能力不足,指挥调度力度不够,影响着应急工作的快速反应。

(3)海洋溢油污染防范与处置缺乏长效机制

烟台市长岛海域连续几年发生溢油污染事件,海洋溢油污染防范的长效机制仍有待完善,依靠国家和省级部门来协调安排,往往错过了事件的最佳处置时机。同时,海洋溢油污染事件涉及多个部门,仅依靠地方难以做到有效的预防和处置。

3.3.3　溢油灾害应急机制特殊性要求

突发性海洋溢油事件考验着政府有关部门应对突发公共事件的应急管理能力。应急管理水平的高低直接体现在是否存在健全的应急管理组织体系、运行机制和保障制度等多个方面。一个完整、高效的监测、预测、预报、预警和快速响应的机制是发挥应急管理作用的重要内容。

(1)加大溢油应急响应体系关键技术研究力度

溢油应急响应体系的建设需要有先进技术的支撑,才能得以有效运转。目前我国的溢油应急响应系统,由于相应技术水平相对比较薄弱,溢油事故发生后应急响应速度较慢,很难实时进行溢油应急监视、监测,较准确地预测溢油的漂移路径和速度,因此,必须加大溢油应急响应体系关键技术研究力度。开展溢油的卫星遥感业务化监测流程,加强解译雷达卫星数据提取溢油信息能力等多种监测海面溢油技术研究,实现对海上溢油全天候、全方位、立体化的实时监视和监测,使我国的溢油污染监测能力达到国际先进水平;进行海上溢油鉴别、溢油漂移轨迹和扩散趋势技术研究,以便及时发出预警,采取有效措施,提高应急指挥对溢油污染事故的决策效率[44]。

（2）加快油指纹库建设进程

油指纹库建设是溢油应急响应系统的重要环节。应用油指纹库中存储的油品指纹信息，能够快速进行溢油应急响应，追溯可疑油源归宿，这对强化海洋石油平台管理，保护海洋环境和资源意义重大。

近些年来，随着溢油鉴别技术发展和研究的不断深入，美国、加拿大、日本等国家都不断完善自己的溢油鉴别体系，相应建立起了油指纹库，并已在溢油应急管理、溢油案件审理等方面发挥了巨大作用。我国早在 1994 年 12 月渤海石油开发海洋监察管理工作暨建立油指纹数据库工作会议中就已经指出：提取海上石油平台的油种特征——开展建立油指纹库的工作，以提高对海上溢油事故的响应速度，减少溢油所造成的污染损害。十多年已经过去，我国的油指纹库建设取得了一些初步的成绩，但与国外发达国家相比，还有一定的差距，目前仅国家海洋局北海区检验鉴定中心在国内初步建立起了油指纹库，并成功运用指纹信息侦破了 2006 年"长岛海域"油污染事件。

为此，国家应进一步加大在油指纹库建设方面的技术和资金投入力度，相关部门应依托海洋石油、中石油、中石化公司的资源，加强与其联系与沟通，加快油指纹库建设的步伐，不断完善我国的油指纹库，使我国处理海上溢油事故的能力达到世界先进水平。

（3）完善溢油应急管理组织机构建设

我国虽然在《国家突发公共事件总体应急预案》中已经明确了应急管理的行政领导机构，但依然是以单项预警应急管理为主，各个部门力量很强，缺少一个国家级具有相当管理力度的紧急事务管理机构，在客观上造成了对每年度或者更远的时间内可能产生的各种危机事件缺乏宏观性的总体规划，对一些明显可能成为危机事件的问题缺少事先详细的预警分析，导致政府对危机事件的处理往往是被动反应模式[45]。每次紧急事件发生后，根据影响程度，临时由国务院相关应急指挥机构或国务院工作组统一指挥或指导有关地区、部门开展处置工作来处理各种紧急事务。为此,我国应建立国家级综合协调的核心部门,加强突发性事件应对的协调合作机制。

(4)建立溢油应急响应志愿者队伍

溢油应急不仅仅是政府的计划和行动,同时也是一项社会性的公益行动。因此,在突发性溢油事故应急响应体系的参与主体方面,强调海陆统筹,广泛参与。要取得全民的支持和参与,建立全民参与机制,提高社会整体的应急能力。要动用一切传播手段和教育途径,向民众宣传溢油对海洋生态环境等造成的灾害,唤起民众对溢油灾害的危机感和减灾的使命感。要充分调动民间组织参与到溢油应急的积极性,广泛普及溢油应急知识和基本技能,以减轻政府压力,提高政府溢油应急应变能力。国外非常重视民间组织在防灾减灾中的重要作用,提倡参与主体多元化,危机应对网络化,合作协调区域化。日本提倡"自救、共救、公救"的理念,由包括居民、企业等在内的社区和政府共同组成,建立了市民自主应急组织和企业自身应急体系。美国建立了联邦、州整体联动机制,并通过公民团的组织形式,提高公民的志愿者服务水平和危机防范意识[46]。我国在处理突发性溢油事故时,主要是从政府管理的角度,尚未建立起稳定的由民众、企事业单位、政府等联合应对的网络,居民的自发、自主防控组织力量薄弱,对油品的识别能力有待于进一步提高。

(5)加强政府突发性事故管理力度

突发性溢油事故的严重后果,迫使各国政府对海上石油的生产、储存、运输和使用实行严格的监督管理,开展近海石油和天然气勘探开采对环境及可持续发展影响的评估,跟踪、监视监测石油生产过程。同时,政府还需对各石油、石化企业进行监督,从法律层面上明确相关企业必须制定完善的企业内部应急救援预案。

在具体的突发性事故应急救援工作中,各级政府应建立完善的针对突发性油污染事故的法律、法规体系;监督各石油、石化企业准备危险物质的详细清单,详述泄漏到环境或作为废物运输的危险物质的清单，并做好年度报告工作；指定事故应急救援预案的特定官员作为紧急情况协调人员，确保企业内外应急预案和实际情况相适应[47]。总之，政府要以立法和执法监督为手段，做好管理层面上的工作。2005年7月召开的全国应急管理工作会议上强调指出，加强应急管理工作，是维护国家安全、社会稳定和人民群众利益的重要保障，是履行政府社会管理和公共服务职能的重要内容。这也说明我国政府目前已经充分意识到加强应急管理的重要性和紧迫性。

3.3.4 溢油灾害应急机制的制定原则

为了使海洋溢油灾害降低到最小程度，我们在制定应急机制时要遵循以下原则，在正确应急原则的指导下，进行有条不紊合理的战略决策，维护整个海洋的正常环境。

（1）预防原则

本着"预防为主"的原则，防治海洋石油污染的重点应放在污染源的控制上。首先，要重点控制陆地污染源；其次，要加强对海上船舶排污、石油平台排污和海洋倾废活动的管理。再次，应大力提高石油的勘探、开采、运输等综合治理的技术，并努力改进生产工艺，提高石油的生产和使用效率，对工业排放进行无害化处理；最后，石油运输部门要定期对运输设备进行检查，严格实行油轮使用期限制度，在运输设备上逐渐淘汰单壳油轮，改用双壳油轮运输，以减少石油泄漏的可能性。

（2）监测管理原则

一方面，强海洋环保宣传教育，提高环保意识，形成海洋环境保护的良好社会氛围；另一方面，要完善法规体系，加强制度建设和立法监督，加大执法力度，坚决依法治理和保护海洋环境。要建立健全海洋环境污染的监测、监视系统和溢油监视网系，重点做好石油作业港区（码头）周边水域、主航道经过的海域、海上油田作业海域及海洋倾废的环境监控，及时掌握石油污染状况的信息,监督处理违法行为和环境异常现象;要建立海上执法监察队伍,重视执法检查工作。

(3)加强综合治理技术研究

对海洋石油污染综合治理应包括石油勘探、开采、运输、加工、贮存、使用、污染治理各个环节,同时还要进行新能源的开发研究,尽量减少石油的使用。另外,要重视溢油应急技术和油污染处理技术的开发与产品研制,建立应急机制和应急物资储备机制[48]。再次,要加强石油运输压舱水排放处理前的石油净化处理;对海洋石油污染的处理方法、吸油材料和吸油技术等进一步研究,寻找清除石油、回收利用等的新技术,防治海洋石油污染的危害。

(4)加强国际合作

应充分利用科学技术对海洋石油污染实行实时动态监控,建立一个国家、地区乃至全球的油污防备和反应系统,加快海洋污染预警系统的开发和使用。

3.4　本章小结

本章主要通过案例分析了海洋生态灾害应急机制的特殊要求及制定原则。通过个案分析,我们更能清楚看到海洋生态灾害的特殊性,要结合其特殊要求,合理制定其主体构成及角色的分工,才能在应急实施管理过程中达到更有效的作用。

第4章　海洋生态灾害应急管理
流程及其作用机理

当前,海洋生态灾害对沿海地区的影响越来越大。海洋生态灾害发生的频率正在快速增长,海洋生态灾害发生的区域也在逐年扩张。可以说,海洋生态灾害对我国沿海地区政治经济的发展造成越来越严重的影响。因此,本章对海洋生态灾害应急管理的四个流程及其作用机理进行了探讨,如何预防海洋生态灾害的发生,并如何进行应急管理,以便将其对社会、经济的危害降至最低。

4.1　海洋生态灾害预防阶段

灾害预防即减灾,就是防止风险、危险或灾害转化为灾难。从技术上看,有一些风险或灾害是可以防止的,还有一些则是防止不了的,如地震[49]。即便从目前科学技术发展的水平上看完全可以防止的风险或灾害,我们也不一定要采取那样的手段,以确保绝对安全,因为那有可能意味着我们不能忍受的高成本、高代价,而对于目前还不能完全防止的风险或灾害,我们则可以通过预防减少灾害发生后所造成的损失。因此,预防又称为减灾,即降低风险、化解危机和减少损害。预防区别于其他3个环节之处在于预防手段的长期性,它采取的都不是短期有效的应急措施,而是长期有效的日常性措施[50]。这对于海洋生态灾害的预防尤其具有意义,海洋生态灾害大部分都是可以避免的,但是需要长期有效的日常性措施。

4.1.1　加强海洋环境监测预警体系建设

（1）建立和完善海洋环境监测网络

海洋生态灾害监测是海洋生态灾害防治工作的基础,加强海洋生态灾害灾害监测监视是减灾防灾和全面开展海洋生态灾害防治工作的关键手段。沿海各地要因地制宜,结合实际,充分利用国家现有的海洋环境监测机构,同时采用共建或自建方式,尽快建立和完善由沿海省(自治区、直辖市)海洋环境监测总站、沿海市(计划单列市、地级市)海洋环境监测中心站和沿海重点县(区、市)海洋环境监测站构成的本地区海洋环境监测网络,增加海洋生态灾害监测能力,形成国家与地方相结合,分工协作、效能统一的全国海洋环境监测体系,全面开展海洋生态灾害监测监视工作。沿海各省(自治区、直辖市)海洋行政主管部门要按照已划分的海洋环境监测责任区及全国海洋生态灾害监测方案,制定海洋生态灾害年度监测计划,报省(自治区、直辖市)政府批准,并报国家海洋局备案后,负责组织实施近岸海域的海洋生态灾害监测监视工作,重点加强增养殖区、重点排污口临近海域、河口区、海洋娱乐区、采油区等重点海域的监测监视。沿海地方政府要加大对监测能力建设和运行经费的投入,并列入当地的财政预算,形成国家与地方共同投入的财政机制,以支持全国海洋生态灾害监测监视网络的运行。

（2）开展海洋生态灾害预测预报工作

沿海各地要依托全国海洋环境预报系统,增加一定的运行经费,开展对海洋生态灾害的预测预报工作,及时制作并发布海洋生态灾害预警信息产品,提供海洋生态灾害灾害应急决策依据。

（3）加强海洋生态灾害信息的管理

沿海省(自治区、直辖市)要采取切实有效的措施,制定海洋生态灾害信息管理规定,建立健全海洋生态灾害信息的汇集、报告、通报、发布制度。海洋行政主管部门负责海洋生态灾害信息的统一归口管理，避免由于海洋生态灾害信息的不及时、不可靠，进一步加重灾害的损失，对社会安定产生不良影响[51]。各级海洋行政主管部门要做好本地区海洋生态灾害的统计、评估工作，同时要建立起海洋生态灾害信息网络，并纳入全国海洋生态灾害信息系统，实现信息的共享共用和有效传递。

4.1.2　建立海洋生态灾害应急管理体系

总的来说，沿海地方政府应结合本地实际，按照统一指挥、分工负责、密切协作、高效务实的原则，建立由当地政府统一领导，海洋行政主管部门牵头，各有关部门参加的海洋生态灾害应急响应体系，制定应急响应计划，确定应急响应程序，形成反应快速、措施得力的运行机制。在此基础上建立应急组织体系、支持保障体系和工程技术保障体系。根据海洋生态灾害监测预警信息，迅速做出应急决策，及时采取规避、禁捕、控制海产品上市、关闭海水浴场、关闭油井、回收溢油等一系列切实可行的行政措施，减轻海洋生态灾害损失[52]。

（1）应急组织体系

如图4-1所示，通常，海洋生态灾害应急组织体系应当由领导机构，办事机构，职能指挥部，工作机构，专家库，重要力量，救援队伍，减灾机构等八大板块组成。领导机构是应急管理委员会；办事机构是应急管理办公室；工作机构包括应急管理相关的各职能部门；专家库由特聘的各行业专家组成；重要力量包括解放军、预备役、武警等，这些力量不到万不得已是不能动用的；救援队伍包括综合救援队伍专业救援队伍和自愿救援队伍等，它们是应急救援的主体力量。这些机构按一定的职能配置，统一在省级应急管理委员会的领导下。当危机发生后，应急委会应根据相关规定启动相应的减灾机构与职能指挥机构。通常，省级应急委是全省应对突发公共事件的领导机构，包括海洋生态灾害，主要负责领导指挥和组织协调全省特别重大突发公共事件综合预防管理和应急处置工作。各沿海州(地、市)、县(市)应急委是按照属地管理、分级响应的原则成立的,主要负责本行政区域内的突发的海洋生态灾害处置工作。应急委应由主任、副主任以及成员组成,主任由该级政府最高行政首长担任,副主任由该级军区司令员或人武部长、武警总队长以及政府办公厅(室)秘书长(主任)等担任,成员由该级政府中各相关职能部门负责人组成。

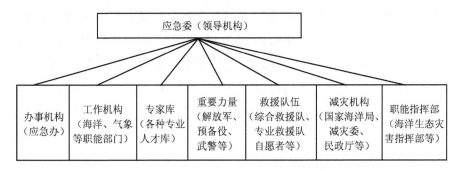

图 4-1　海洋生态灾害应急组织体系

(2)支持保障体系

A. 资金保障

海洋生态灾害应急管理资金主要来源于两个途径:主要是政府的财政预算与专项补贴,其次是社会自筹与捐赠,当然自筹与捐赠额度通常有限。根据规定,每年年初中央(地方)各级财政部门会根据社会发展计划和《中华人民共和国预算法》的规定,按照救灾工作分级负责、救灾资金分级负担、地方为主的原则,安排专项的救灾预算。当地方在遭受海洋生态灾害时,首先会从地方财政中安排资金,当地方财力确有困难时,由地方防办与财政局共同报上一级防办、财政局,最后汇总报省防办和财政厅,再由省统一上报国家防办和财政部、国家海洋局等。国家会按灾情的大小及轻重缓急对地方海洋生态灾害救灾资金提供支持。省财政厅也应当安排了专门的预防和救灾资金,当沿海地区发生海洋生态灾害时,省财政厅应当积极争取国家及相关部门的补助资金,为遭受海洋生态灾害的地区提供支持。州(市)、县(市、区)政府在本级财政预算中安排的资金,主要用于本行政区域内海洋生态灾害的预防与处置。在社会自筹捐赠资金方面,主要以沿海发生生态灾害民众自筹或互助,社会与个人捐赠等方式筹集。

B. 物资保障

在海洋生态灾害应急管理中,需要的应急物资主要包括两类:主要是抗灾救灾队伍所需的工具、设备等。另一类是灾民恢复生产、生活所需的物资;为了解决紧急情况下救灾物资的供给问题,我国从1998年开始建立专门的物资储备制度,目前已在沈阳、天津、武汉、南宁、成都、西安等城市设立了10多个中央级救灾物资储备库,同时各省(市、自治区、直辖市)也根据各自所辖行政区域内突发事件的特点,建立相应的地方救灾物资储备制度。在海洋生态灾害发生时,可以随时调用所需的物资和相应的海洋设备。

(3)工程技术保障体系

各沿海地区应当建立由浮标、监测船、岸基站、航空遥感与卫星遥感组成的立体监测示范系统;建立原油指纹库和设施一流的油指纹、生物种类检验鉴定实验室和覆盖所在海域海上石油勘探平台原油样品的油指纹库;研制溢油预警报系统和赤潮预警预测系统。以此来为海洋生态灾害预防和处置提供工程技术保障体系。同时,应当搭建海洋生态灾害信息队伍,通过充分集成互联网、电话、电视、广播、手机短信、电子显示屏、警报系统、信息大蓬车等多种现代信息传播技术,创建"多位一体"信息传播服务模式[53]。从而实现从地面到高空多角度、全方位的海洋生态灾害监测体系。

4.1.3 加大海洋环境整治力度

加强对陆源、海源污染的治理程度,是控制海洋生态灾害发生的重要措施。沿海地方海洋行政主管部门要依据《海洋环境保护法》,加强海洋环境的监督管理,加大执法监察力度,严格控制陆源海源污染物对海洋的污染。例如,沿海地方政府要采取强有力的措施,使地市级以上的城市实现污水集中处理、离岸排放,并逐步禁止含磷洗涤用品销售和使用。要科学规划养殖业的发展,合理安排养殖密度,防止海水养殖自身污染。要强化对近岸海域环境的保护,对重点海域环境实施综合整治,逐步改善海洋环境质量,防止赤潮等海洋生态灾害的发生。

(1)严控陆源污染物入海及区域排污总量

《中华人民共和国海洋环境保护法》的颁布实施,为保护和改善海洋生态环境、维护生态平衡、保护海洋资源、防止污染损害、保障人体健康提供了法律保障。但是面对日趋严重和复杂的海洋环境污染问题,要按照现行法律法规严控陆源污染物入海,关停和淘汰污染严重、技术落后的企业,处理违法排污单位,鼓励绿色清洁生产,从源头上切断污染源;加快工业、农业、生产生活污水处理和垃圾处理等环保设施建设,沿海区域工业污水、生活污水集中处理排放;按照河海统筹、陆海兼顾的原则,测算各海域环境容量,确定各海域污染物允许排入量和陆源污染物排海削减量。加强监控、核查和监测污染物排放,严控污染物入海总量,继续推行海洋节能减排政策,完善涉海工程排污申报和排污许可证制度。促进近岸海域海洋环境质量改善,实现海洋生态环境良性循环。

(2)积极推进海洋生态环境修复措施

加强海岸带生态保护,严禁破坏海洋生态环境的项目开展,防止海岸的侵蚀、挤占,切实加强海岸线、海滩的保护。沿海地区不得超量开采地下水,防止海水倒灌和入侵,保护好近岸海域生态环境。加强海洋渔业生态环境保护,防止过度捕捞,在浅海海域选择性养殖海带、紫菜、裙带菜等大型海藻净化水体。加强对现有自然保护区的投入,努力搞好沿海地区生物多样性的保护,积极开展海洋生态修复、人工鱼礁建设等工作,加大受污染滨海滩涂、湿地的整治力度,减少或避免海洋生态环境受到侵害。建立相应的影响评估模型,评价沿岸开发利用海洋资源活动对海洋生态系统的影响程度，切实提高海洋生态系统健康水平。

（3）集中海洋执法力量

我国海岸线自北向南分布十几个省、直辖市、自治区，行政区域跨度大、海洋与环保管理部门多，涉及各方利益复杂，协调联动机制不够完善。要改变海洋污染的现状，必须建立区域性海陆统筹污染防治机制。各相关省市政府、海洋、环保、海事、渔业、交通等涉海部门必须确立共同目标，将各部门执法力量集中起来，建立联合联动共享机制，共同开展海洋环境监测与执法监察工作，把治理海洋污染、保护海洋环境放在首位。加强海上巡查，对海洋石油、海上航运和港口码头发生的溢油漏油事故及违规倾废等行为进行严肃处理。建立健全重大海上污染事故应急机制，当发生严重污染事故时，及时采取针对性措施进行处置，降低污染损害。

（4）完善相关法律制度

《海洋环境保护法》《环境影响评价法》《海域使用管理法》等有关海洋环境保护方面的多部法律法规相继颁布实施，但是尚缺少针对性的配套实施细则，当发生污染损害事故时，不仅涉海管理和监测部门各行其是、缺少协调，在执法和损害赔偿方面更是各自为政。因此有必要对环境保护相关法律法规进行重新审定，对《海洋环境保护法》相关实施细则、配套法规和环境标准进行编制出台，以解决海域环境问题。

（5）完善海洋生态损害补偿机制

目前在海洋领域实施了一些广义生态补偿范畴的海洋开发利用收费制度，如"排污（倾废）收费制度"、"渔业资源增殖保护费制度"。但是与陆地生态系统相比，海洋生态补偿的系统研究较少，且尚未从产业开发的角度，运用市场手段真正建立补偿标准。尤其是当发生诸如蓬莱19-3油田溢油灾害事故时，对渤海的海洋生态环境、海洋自然资源和海洋养殖等相关产业造成巨大损失，但是根据《海洋环境保护法》所作的补偿金额十分有限，进行生态损害补偿又缺少相应的法规和标准支持，索赔工作进展处于尴尬境地。因此对有关法律法规进行补充修订,完善海洋生态损害补偿机制,更多的关注公众利益迫在眉睫。

4.1.4　加强公众教育及其参与

山东半岛沿海各地市应加强海洋生态灾害知识的宣传和普及工作,增强社会公众的海洋环保意识。积极开展科学养殖;科学开采海洋资源;组织进行海洋生态灾害应急措施的宣传和普及,提高海洋生态灾害防范能力;提供必要的支持,动员和鼓励志愿者和渔民参与海洋生态灾害监测监视工作,获取更多的海洋生态灾害信息,壮大海洋生态灾害监测力量,形成专群结合的监测监视网。

(1)加强海洋从业人员培训

海洋经济发展给海洋产业创造了大量就业机会,2010年全国涉海就业人员3350万,新增就业人员80万,2011年全国涉海就业人员3420万,比2010年增加7万人。保护海洋环境,人是最为关键的因素,不仅从事海洋行政管理、海洋执法和海洋环境监测人员要熟悉有关法律法规并了解海洋环保知识,更多的涉海从业人员,如沿海企业责任人、涉海工程建设者、海水养殖户等非专业技术人员,也要对法律法规等知识有所了解,因此对这部分涉海从业人员进行相关培训很有必要,使其掌握一定的海洋环保知识,提高其海洋法律意识、环保意识,在工作中身体力行的将法律法规落到实处,推进海洋环保,才能逐渐改变只向海洋要经济效益、却把海洋当作垃圾场的意识,让海洋环境保护受到越来越多的关注和重视,对海洋环境保护将起到事半功倍的效果。

(2)建立海洋工程环境监理制度

涉海工程在建设过程中的海洋环境保护与管理一般采用建设单位联合施工单位和施工监理单位设立工程环境管理机构和专职人员,其中施工环境监理工作是由工程建设单位委托具有工程监理资质并经环境保护业务培训的单位负责。但在实际当中一般是施工单位环保员负责具体的环境管理工作，施工监理单位则主要负责施工进度、工程建设质量等方面。在海洋环境保护和管理上存在重视程度不高、专业水平不够等问题。因此，应该考虑建立并完善海洋工程的海洋环境监理制度，要求施工监理单位及施工单位环保员必须经过海洋行政主管部门组织的技术培训并获取相应的资质后方可负责海洋环境监理工作。在施工过程中发生重大海洋环境污染事件，除追究施工单位的责任外，还要对监理单位予以问责和处理。从而明确并规范海洋工程的海洋环境监理与保护工作的程序和内容，确保海洋环境保护措施得到有效落实。

（3）推进海洋环境文化建设

不管是法律法规的制定，还是地方性保护条例的出台，不管是规范海岸带的开发活动，还是海洋自然资源的保护，使公众了解海洋污染防治以及生态修复任务的长期性、艰巨性、复杂性，增强公众对海洋资源的忧患意识和海洋环保意识，都离不开公众的积极参与。海洋行政管理部门在科学管理海洋、开发利用海洋的同时，应积极推动海洋环境文化建设，大力弘扬海洋文化，加强海洋环境保护的宣传，拓宽公众参与和监督渠道，充分发挥新闻媒介的舆论监督和导向作用。建立健全破坏海洋生态环境的监督、举报机制，加大公众参与的深度和广度，动员社会环保团体自觉投身于环境保护事业，形成关注海洋、开发海洋、管理海洋、保护海洋的良好社会氛围，推动海洋产业发展、促进海洋经济繁荣，切实做好海洋生态环境与海洋资源的保护。

4.2　海洋生态灾害准备阶段

准备即为可能发生或即将发生的突发事件做好应对准备，其核心机制是预案管理。预案即预先准备的应对方案，然后根据这个方案的需要，做好组织准备、人力资源准备、财政准备、应急物资和设备等方面的准备。预案管理包括预案制定、预案演练和预案修订,其中以演练最为重要。通过演练可以检验各方面的准备是否到位,发现和解决各种组织协调与配合方面存在的问题,也可以检验预案本身的可操作性,为预案修订提供依据。根据上述通用理论模型,应急准备的另一内容是预测预报和预警。这是一项技术含量很高的工作,由少数受相关专业训练并有丰富实践经验的专业人员完成。但是在我国,则习惯上把它与预防放在一起。

4.2.1 法律法规体系

将预案体系用法律的形式进行规定,对应急预案的实施具有极其重要的意义。相比发达国家而言,我国的应急法制建设比较滞后,法律法规体系建设也不健全。即使如,法制建设依然对预案体系的实施起到了很好的促进和监督作用。例如,2007 年发布实施的相当于我国应急管理的根本大法——《中华人民共和国突发事件应对法》,对防灾理念、目的,防灾组织体系,防灾规划,预防与应急准备、监测与预警、应急处置与救援、事后恢复与重建,以及法律责任等相关事项作了明确规定。下一阶段,针对应急管理法律体系存在的问题,政府相关部门应该在修补法律内容方面不断完善应急法制体系。首先,制定出台《中华人民共和国突发事件应对法》实施细则,在可能的立法空间之内尽量弥补该法存在的不足;鼓励地方政府制定《中华人民共和国突发事件应对法》具体实施办法及相关实施性文件,重点就该法已有涉及但尚不完善的制度给予补充。其次,适时修订《中华人民共和国突发事件应对法》,解决已经暴露出的责任规定不够刚性、周延,法律责任主体缺失等问题。最后,加强《中华人民共和国突发事件应对法》执行实行。该法中关于应急预案管理,分类、分级、分阶段应对的规定,应急关口前移、重心下移等重要原则,都是法律总结的宝贵经验,也是经过实践检验得到证实的规律性认识。迫切需要坚决执行、做到有法必依、执法必严，使应急管理各项工作法制化、常态化。

4.2.2 应急预案体系

应对海洋生态灾害，我们应当建立起在突发公共事件总体应急预案统领下的，中央、省（市）、地（市）、县、乡（镇）五个层级，部门应急预案、专项应急预案、临时应急预案以及其他应急预案相结合的应急预案体系。这些预案共同构成了应付海洋生态灾害的预案体系。

（1）总体应急预案

总体应急预案是应急预案体系的总纲领，是政府组织应对海洋生态灾害的总体制度安排，由县级以上各级人民政府制定并组织实施。总体应急预案主要规定各级政府应对海洋生态灾害的基本原则、组织体系和运行机制，以及应急保障的总体安排等，明确相关各方的职责和任务，是指导预防和处置海洋生态灾害的总体规范性文件。编制总体应急预案的目的是提高政府保障公共安全和处置突发事件的能力，最大限度预防和减少突发事件及其造成的损害，保障公众生命财产安全，维护国家安全和社会稳定。

（2）专项应急预案

专项应急预案是政府及其相关部门为应对某一类或某几类海洋生态灾害，或针对重要目标物保护、重大活动保障、应急资源保障等重要专项工作而预先制定的涉及多个政府部门职责的工作方案。目的是规范某一类型或某几种类型海洋生态灾害的应急管理和应急响应程序，及时有效地实施应急救援工作，最大限度地减少人员伤亡、财产损失，维护人民群众的生命安全和社会稳定。专项应急预案不仅包括自然灾害类还涵盖事故灾难、公共卫生事件、社会安全事件等类型。由各级人民政府有关部门牵头制定，报本级人民政府批准后，由本级人民政府办公室（厅）印发实施。

（3）部门应急预案

部门应急预案是政府有关部门根据总体应急预案、专项应急预案和自身职责，为应对本部门突发事件，或针对重要目标物保护、重大活动保障、应急资源保障等涉及部门工作而预先制定的工作方案。部门应急预案和总体应急预案、专项应急预案一样，同样包括总则、应急指挥体系及职责、预防预警机制、应急响应、善后工作、应急保障、监督管理、附件等方面，由各级人民政府有关部门制定印发，报本级人民政府备案，由制定部门负责实施。

另外，部门应急预案和专项应急预案的区别主要在于主体不同、法规效力不同、适用范围不同等方面。

4.2.3　组织应急演练

在准备环节当中，应急组织演练是极为重要的环节。应急组织演练应该尽量以海洋生态灾害实际发生为大背景，在相关部门一把手的领导下，各有关部门应当按照预案规定执行相关工作。该环节第一可以检验预案体系对处理海洋生态灾害处理的效果，可以帮助我们完善海洋生态灾害预案体系；第二可以通过预演锻炼各应急组织，增加各部门协调配合的程度；第三可以通过宣传演练，提高民众对海洋生态灾害的认识，提高民众对海洋生态的保护意识。在演练实施之前有关部门需要对演练方案进行周密设计。

（1）演练情景设计

演练情景是指对假想海洋生态灾害按其发生过程进行叙述性说明。演练情景设计就是针对假想海洋生态灾害的发生发展过程设计出一系列的情景，包括海洋生态灾害和次生、衍生灾害，让参加演练人员在演练过程中犹如置身真实的事件环境一般，对情景事件的更替和变化作出真实的应急反应。

在设计演练情景时演练策划组应广泛搜集所要模拟海洋生

态灾害的背景知识和技术信息，然后从有利于演练模拟的角度将事件的发生发展过程分解为一系列的连续事件。按照这些事件发生的先后顺序对其进行排序，并确定演练过程中每一环节触发的时间及方式，演练情景中必须说明何时、何地、发生何种事件、被影响区域等事项，即必须说明时间情景。

（2）演练规则制定

制定应急演练规则是确保演练活动安全、规范、高效的重要措施。制定演练规则一般包括对演练控制、参演人员职责、突发情况、安全要求等一系列具体事项做出规定和要求。

（3）演练文件编写

演练文件是指直接提供给参加演练人员文字材料的统称，主要包括演练方案、演练手册、演练评估方案等。演练文件没有固定的格式和要求，应该简明扼要、通俗易懂，一切以保障演练活动顺利进行为标准。

4.3 海洋生态灾害响应阶段

响应即处置，在预防有效、准备充分的情况下，所谓响应就是按照应急预案启动应急程序。其基本程序包括现场确认（掌握现场的详细情况）、现场隔离、结合预案和现场情况形成处置方案、人员撤离（如果有必要）、现场搜救、抢修和抢险等。对于海洋生态灾害，响应也是实施预案的一个过程。具体包括决策机制、指挥协调机制、动员机制和应急救援机制。

4.3.1 决策机制

国家各级政府应对海洋生态灾害的应急决策行动包括：收集决策信息；制定决策方案；疏通灾情信息报送渠道；启动紧急预案和发布预警通知。召开不同层次与级别的会议（灾情会商会议、专题会议、常务会议等);成立督导小组,或派遣专家组深入现场检查;领导指示等。各级政府部门具体的决策措施与方法差别并不大,不同点是在于该级政府与部门的职能不同。应急决策在程序上表现为这样一个流程:灾害发生—领导重视—召开灾情会商等会议—成立领导或督查小组—应对海洋生态灾害,见图 4-2。应急管理可以认为是管理者与突发事件之间的博弈。它需要应急管理有更多的临机决断,表现出较强的创新能力。一方面没有预案就没有行动指南,所以必须加强应急预案建设;另一方面完全照搬预案也很难奏效,应对海洋生态灾害还需要赋予应急管理者一定的临机决断权力。

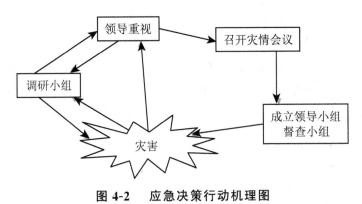

图 4-2 应急决策行动机理图

4.3.2 指挥协调机制

在应急管理活动中,指挥协调占据至关重要的地位。有效的应急指挥协调可以使各种应急资源、应急力量发挥协同效应,并形成应对突发事件的强大合力。反之,应急指挥协调不力,参与应急管理的各种力量各自为战,产生内耗与摩擦,令应急管理者捉襟见肘、力不从心。《中华人民共和国应急事件应对法》第 4 条规定,国家建立统一领导、综合协调、分类管理、分级负责、属地管理为主的应急管理体制。按照这样的思想,政府应不断完善应急管理指挥协调机制,建设权责匹配、可以履行综合协调职责的应急管理机构,形成训练有素、精干高效的应急管理队伍。海洋生态灾害发生后，各级政府采取的应急指挥协调方式主要应当包括：发布预警通知；激活应急预案；召开不同层级与级别的会议；建立或启动应急指挥中心；领导亲临现场指挥协调工作；召集与分派工作组深入海洋生态灾害发生现场指导工作；召开新闻发布会等。

4.3.3　社会动员机制

《中华人民共和国突发事件应对法》第六条规定："国家建立有效的社会动员机制，增强全民的公共安全和防范风险的意识，提高全社会的避险救助能力。"为了实现高效、迅速应对突发事件、并降低应急成本的目的，政府必须引导开展行之有效的社会动员，将企业、社会组织、公民等力量凝聚起来形成应急合力，高效应对处置突发事件。一旦海洋生态灾害发生，各级政府应当针对不同的对象采取不同的动员措施。①对军政系统采取的动员措施有：领导指示或批示，发布紧急通知，签署命令或责任状，领导或党员的示范等；②对媒体与其他非政府组织采取的动员措施有：召开新闻发布会，开展捐赠活动，组织与动员自愿者参与等；③对受灾民众采取的动员措施有：宣传教育，政策帮扶以及党政一把手亲自示范等。与此同时，一些社会公益组织也应当开展多种形式的社会动员活动。在政府主导型社会中，主要依靠政府对各种社会力量或组织进行社会动员。

（1）企业

企业参加应急救援的形式是多种多样的，主要有：①遵守法律法规和规章制度。海洋生态灾害发生后，企业要对应急救援急需物资实行动员生产，及时提供高质量的产品和服务，为灾害救助提供便利，不得囤积居奇、哄抬物价。②奉献爱心、捐资捐物。在海洋生态灾害发生后，向灾区人民捐款捐物，这也是企业承担社会责任的应有之义。③凭借应急技术和产品直接参与救灾。④开展金融服务分担风险。海洋生态灾害使人民的生命财产遭受巨大损失,而保险是一种分担风险、降低损失的有效途径。保险企业应当积极开发各种灾害保险产品,减少人民的损失,分担政府的压力。

(2)非政府组织

非政府组织参与应急管理是有益而必要的补充,其在应急管理过程中发挥的作用越来越受到重视。①非政府组织可以提供宝贵的人力资源。非政府组织汇集了大量具有专业技能的人员,在海洋生态灾害处置过程中可以发挥巨大作用。②非政府组织具有灵活性,应对海洋生态灾害反应灵敏。③非政府组织有助于应急管理全球化。其参与应急管理,可以借助国际组织网络争取到更多的国际援助,引进国外先进应急装备,提高应急管理工作效率。

(3)社区

突发事件来临时,社区公众是最直接的承受灾害的主体,在大多数情况下,社区是应急处置的最初响应者。社区公众对社区具有很大程度上的归属感和认同感,以社区为基层单位应急,可以有效聚集应急管理所需各种资源,建立起以社区为基础的网络应急管理体系。这样一来可以对政府的应急管理产生积极影响,促使其加强应急协调能力,增强应急管理柔性,实现应急资源、队伍的跨区域跨部门整合。

(4)志愿者

志愿者在汶川地震、玉树地震、黄海浒苔灾害等应急救援过程中发挥了显著作用,具有反应灵敏、主动迅速等特点。当然,我国志愿者参与应急管理也存在一些问题:①组织化程度不高。组织化的志愿者行动专业性强、效率高,而组织化程度低会导致志愿者行动的后勤保障不足,不利于志愿者活动持续进行。②专业化程度不高。应急救援是高度专业化的一项工作,非专业培训或者没有掌握一定的应急救援知识和技能人员很难胜任。③可持续潜力有待进一步挖掘。志愿者参与应急管理是一个长期的过程。然而,志愿者行动由于组织程度不高,其活动的可持续性必然受到一定的影响。④志愿精神有待进一步弘扬。志愿者不以获取报酬为目的,完全是为社会提供服务,贡献个人的时间和精力。

4.3.4　应急救援机制

在海洋生态灾害发生时,救援主体有政府、非政府组织、军队(如果有必要的话)以及灾民等。救援对象包括抢救沿海人民的生命与财产,宝贵的海洋生态资源等。救援措施分为:(1)救助性措施:相关人员直接对发生海洋生态灾害的海域进行救助性的工作。如直接清理溢油等。(2)控制性措施:交通部门和相关海上交通管理部门为海洋生态灾害救灾物资运输车辆和船只开设快速通道;气象部门预报发生灾害海域的天气情况,为救灾工作提供辅助性的帮助。(3)保障性措施:主要指民政部门做好沿海地区灾民基本生活的安置工作,提供粮食和水等必需品。(4)动员性措施:各级党委、团委、红十字会、慈善总会紧急动员社会为海洋生态灾区捐赠;物资储备部门做好各种抗灾救灾物资、设备、工具的储备工作等。(5)稳定性措施:如工商部门整顿灾区市场,特别是与海产品相关的市场,稳定物价,防止个别商家借机哄抬物价等现象的发生。(6)协调性措施:相关政府及政府部门间签订互助协议,启动对口支援机制。

4.4　海洋生态灾害恢复阶段

海洋生态灾害发生干扰了正常的社会生产生活秩序,给人民群众生命、财产造成巨大损失,同时给生态环境造成严重威胁或破坏。一般认为,在海洋生态灾害基本得到有效控制的基础上,应急管理也就从响应阶段过渡到恢复阶段。恢复与响应的区别在于,响应着重于满足相对即时的短期需要,而恢复则着眼于在受影响地区全面重建正常的社会经济生活秩序,从重要基础设施,到就业、社区与邻里关系重建等。恢复阶段有一种"机会窗"可利用,即有一些平时不受欢迎或不怎么得人心的预防措施,这个时候可以利用本地居民对灾害的记忆犹新而推行。也可以说,恢复阶段是执行预防规划、落实各种预防措施的绝佳时机。

4.4.1　海洋生态灾害恢复重建工作

对于海洋生态灾害,恢复重建并不是开始于灾后,而是开始于灾害前,并伴随在应急救援其中。海洋生态灾害恢复重建的计划应该在灾前制订,以便于当灾害发生后迅速启动。从宏观上看,海洋生态灾害灾后重建工作包括灾害发展中的所有与灾后应急、救援、评估、规划等相关的部分。因此灾害恢复重建与灾害应急处理,甚至灾前预警准备都没有严格意义上的时间界线,它们紧密交织在一起。从另一个角度看,海洋生态应急处理工作是恢复重建工作的开始,恢复重建工作是应急救援工作的继续。一般来说,恢复重建工作有(恶与善)两个基本价值取向:"恶"是灾害已经或并将继续对人与社会造成的负面影响,恢复重建的目标是要阻止这种负面影响扩大化,工作重心表现为安抚受伤的人(身与心)与恢复受损的物;"善"即是虽然灾害已对人与社会造成了负面影响,但恢复重建工作的有效开展能"化危为机",能带来巨大的收益(因祸得福),其工作重心表现为调整、重建、变革等各种机制。

4.4.2　海洋生态灾害恢复的责任体系

为了应对海洋生态灾害,各级政府应当建设"党政统一领导,部门分工负责,灾害分级管理"的恢复重建管理体制。要使得"党政一把手"负责制得到有效的利用。确定"领导坐镇,分管(领导)指挥,部门负责,专人落实"的工作格局,实现层层负责、层层监督的责任体系。这些体制、机制有力确保了灾后恢复重建的有序进行,并取得成功。

4.4.3　海洋生态灾害恢复措施

（1）进行海洋生态修复

进行海洋生态修复与海洋生态灾害的预防有其相通和联系之处。有时候是相互交叉的。根据海洋生态保护面临的新形势，应当突出重点海域主导功能的恢复与保护，实行分类指导，分级管理，分步实施，分区推进，对各类典型珍稀的海洋生态区域实行严格保护与生态涵养相结合的环境政策，强化海洋自然保护区建设和管理。对脆弱敏感的海洋生态区域实行限制开发与生态保护相结合的环境政策，抓紧建立海洋特别保护区；对已受损破坏的海洋生态环境实施生态建设与综合整治相结合的环境政策，积极开展典型海洋生态系统修复[54]。对全海域的海洋生态环境实行综合管理与协调开发相结合的环境政策，推进基于生态系统的海洋管理，在此基础上，努力构建区域海洋生态安全格局，保证海洋生态服务功能的持续发挥。

（2）对受灾群众提供补偿、赔偿、社会救助

恢复中的一项重要工作就是对受灾群众提供补偿、赔偿、社会救助。如赤潮、溢油等海洋生态灾害可能对沿海渔业捕捞养殖造成极大的损失。《中华人民共和国海洋环境保护法》第 90 条规定，对破坏海洋生态、海洋水产资源、海洋保护区，给国家造成重大损失的，由依照本法规定行使海洋环境监督管理权的部门，代表国家对责任者提出损害赔偿要求。所赔偿的资金其中一大部分应当作为对受灾群众的补偿发放给受灾群众。同时民政部门也应当对受灾群众进行适当的救助，以帮助他们渡过难关。

（3）对灾害进行评估和审计

对海洋生态灾害的评估和审计是应急流程恢复中的最后一项工作。评估从狭义上讲是对海洋资源、海洋生态系统功能损失进行评估，从广义上讲评估也包括对整个救灾流程进行评估，以期能够发现问题并努力将问题解决。审计主要是对救灾过程中

资金和物资的调配和使用情况进行审查。以便监督资金和物资的调配和使用是否遵守相关规定,也有助于相关部门对海洋生态灾害资金和物资使用情况有更深入的了解。

综上所述,海洋生态灾害的应急管理流程一共分为预防、准备、响应和恢复四个阶段。其中,预防为海洋生态灾害的最重要的一部分也同样是最容易让人忽略的一部分。所以我们必须重视海洋生态灾害的预防性工作,以减少海洋生态灾害的发生对沿海地区政治经济和社会的影响。此外,这四个步骤并不是相互孤立的,而是相互联系的。想要更好地应付海洋生态灾害,我国各级政府特别是沿海地区的政府必须建立起必要的预案措施,以便能够在海洋生态灾害发生时,深入贯彻海洋生态灾害应急流程这四个步骤,以降低海洋生态灾害的影响。

4.5　海洋生态灾害应急管理流程运作机理

海洋生态灾害应急管理是应急管理研究的一个方面,与之对应的另一个方面则是应急管理主体自身运作规律的研究。海洋生态灾害应急管理与应急管理机理有很大的关联性,其应急管理的运作流程机理见图 4-3。

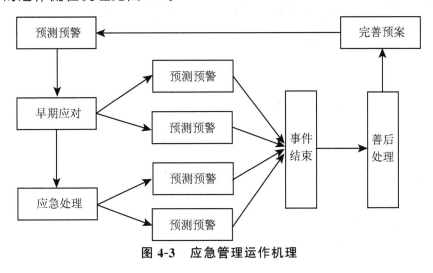

图 4-3　应急管理运作机理

在平时状态，完善预测预警机理，建立预测预警系统，开展风险分析，做到早发现、早报告、早处理。突发事件发生后，启动相关应急预案，及时、有效地进行处理，控制事态，以防事件的发展演化。组织开展应急救援工作，指挥并组织相关地区、部门开展处置工作，必要时多个相关部门共同参与处置灾害，统一调配资源。海洋生态灾害得到控制或结束后，对伤亡人员、应急处置工作人员，以及紧急调集、征用的有关单位及个人的物质，要按照规定给予抚恤、补助或补偿，并提供心理及司法援助。根据受灾地区恢复重建计划，组织实施恢复重建工作，进而完善预案。

4.6　本章小结

本章主要介绍了海洋生态灾害应急管理流程及其应急作用机理。从流程过程可以看出，其过程主要包括：预测预警、早期应对、应急处理、善后处理和完善预案等。其中，关键是要加强海洋生态灾害的检测预报，也就是其预防阶段的职能，这主要是由海洋生态灾害的突发性和复杂性决定的。因此，下一步要着重加强其预报预警机制，另外，也要重视其每个流程的作用机理，把每个环节做好，这样才能做到灾害发生时的应急管理。

第5章 海洋生态灾害应急机制行为 主体构成及其角色分工

随着海洋经济在国民经济中占有愈来愈重要的位置,海洋生态灾害的应急工作也越来越受到国家和政府部门的重视。目前,我国已建立起了一套从中央到地方的海洋生态灾害应急机制。但不可否认的是,我国初步建立的海洋生态灾害应急机制仍存在诸多问题,需要进一步解决和完善。本章分析了现阶段海洋生态灾害应急机制现存的问题,试图对海洋生态灾害应急主体的角色进行再分工,为应急机制的完善提出合理化的建议与对策。

5.1 海洋生态灾害应急主体角色分工存在的问题

5.1.1 领导体制存在多头领导

我国现行的海洋管理体制存在政出多门、多头管理的现象,而统一领导是应急机制建立的前提。目前,在海洋生态灾害突发事件上,国家环境保护部和国土资源部的国家海洋局在职能上存在着交叉和重叠的现象,环保部"负责重大环境问题的统筹协调和监督管理,牵头协调重特大环境污染事故和生态破坏事件的调查处理,指导协调地方政府重特大突发环境事件的应急、预警工作,协调解决有关跨区域环境污染纠纷,统筹协调国家重点流域、区域、海域污染防治工作，指导、协调和监督海洋环境保护工作"[55]。《中华人民共和国海洋环境保护法》规定："国家海洋行政主管部门负责海洋环境的监督管理，组织海洋环境的调查、监测、监视、评价和科学研究，负责全国防治海洋工程建设项目和海洋倾倒废弃物对海洋污染损害的环境保护工作"。

　　国家海洋局海洋环境保护司的职能中涉及应急管理的职能阐述为："组织编制并实施溢油和赤潮应急预案。"国家海洋局海预报减灾司的职能主要是"组织编制并实施海洋灾害应急预案；组织开展重大自然海洋灾害的调查和评估"。中国海监总队的应急职能主要是组织对海上重大事件的应急监视、调查取证，并依法查处。由此看出海洋生态灾害应急处理的领导主体并不明确，环保部和海洋局在职能上存在一定的交叉，在大部制改革的背景下，环保部的级别在海洋局之上，一旦海洋生态灾害发生，如果缺乏一个强有力的领导核心，势必造成部门之间互相扯皮、协调困难、"内耗"严重，造成在海洋生态灾害处理上的行动迟缓，导致突发事件影响范围扩大，对海洋环境和海洋生态产生重大影响。

5.1.2　组织体系存在条块分割现象

　　滞后应急机制在方向上可以分为上下级的纵向机制和部门间的横向机制。纵向机制主要依靠政府间的等级化从属关系，在行政行为中形成以等级化为纽带的良好的协作关系[56]。目前，我国海洋生态灾害应急处理主要依赖纵向机制。在纵向不同层级政府间的应急管理职权配置方面，我国实施"分级管理"的制度，按灾害的级别启动相应的应急响应程序，见图5-1。依据灾害可能造成的危害程度和发展态势，我国将各类灾害一般划分为四级预警级别：Ⅰ级（特别严重）、Ⅱ级（严重）、Ⅲ级（较重）、Ⅳ级（一般），依次用红色、橙色、黄色和蓝色表示。

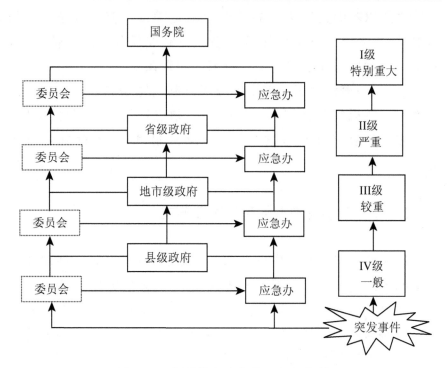

图 5-1　我国纵向应急管理组织架构

　　纵向机制能够做到及时调动各级政府的力量介入,保障突发事件的快速化解。在突发事件爆发后,领导主持突发事件应急专题会议,并作出指示,促使突发事件得到重视;领导实地察看、检查、督促,以提高突发事件处置的效率;领导现场办公,对突发事件处置重要事宜进行协商、拍板,使许多棘手问题和久拖不决的矛盾迎刃而解;领导坐镇指挥,快速调配资源,起到稳定人心的作用。相对纵向机制而言,海洋生态灾害处理的横向机制滞后。横向机制,是指没有上下隶属关系的地方政府或其部门之间在水平方向上的合作。目前,部门间的横向自主合作有限,在统一的指挥体系下,各个参与单位的行动普遍侧重于自身职责范围。部门行动缺乏统筹安排,形成合力有限[57]。比如:国家海洋局各个分局在不同的海域都设有监测站进行海洋监测,部分沿海政府在海洋环境预测上虽有所建树,但是海洋局和沿海地方政府之间没有建立一种固定的法制化的信息沟通机制。部门间自主合作的积极性之所以不够是因为机制的动力不是来自于部门自身发展的需要，而是来自于外部的制度环境。在完成任务的时效性方面，各部门更倾向于在各自的职责范围内明哲保身。

总之，在海洋生态灾害中部门间机制问题是影响突发灾害处置效率和效果的重要因素。暴露的问题也比较明显，部门之间、条块之间衔接还不够紧密，部门应急机制、协同处置机制有待完善。

5.1.3　职能导向型的应急管理模式

以职能型为中心的应急管理工作模式，本质上是一种职能型组织的管理模式。在应对各种非传统的复合型突发事件方面存在一些严重的缺陷，导致无法在事件发生的第一时间及时有效地采取应对措施，甚至导致事态的不断升级和扩大。具体的弊端主要体现在以下几个方面。

第一，职责和职权划分模糊，责任不够清晰，致使决策反应比较迟缓。在职能型组织中，由于实行多头领导妨碍了组织的统一指挥，容易出现管理混乱的问题，不利于明确划分职责与职权。受制于责权利的影响，应急管理长期缺乏综合性协调机构，不同地区和部门在信息、资源、人力调动上不能共享，资源无法有效整合，不仅导致各种设备和人力资源重复投入和大量闲置，也使得在灾害发生时各地区各部门职责不明，甚至互相推诿，失去最佳的抢险救灾时机。

第二，各职能机构基于自身利益来开展工作，部门之间互通情报少，横向协调沟通不畅。职能型组织所实行的分类别、部门化管理模式不仅导致资源分散，而且降低了应急决策的层次，全局性灾害往往被当作局部性问题来应对。各个应急管理信息系统互相分割，缺乏互通互连，难以实现信息资源共享，是导致综合性的信息分析和研判不足，综合评估和预测预警欠缺的体制性原因。

　　第三,敏感性、灵活性和适应性不够,无法及时对各种新情况新问题进行认知决策。职能型组织适合于应对个汇总传统的常规情形,但无法在第一时间对不断发展变化的新环境、新情况、新问题进作出正确的认知和决策。从而延误各种战机,最终导致灾害升级、扩大甚至引发各种连锁反应,致使小问题升级为危机,或小问题的危机演化为区域性、全国性甚至全球性的危机。

　　第四,地方缺乏必要的机理和制度化授权,无法在第一时间自主性地主动进行决策处置。职能型组织属于典型的"集权式"结构,管理层级具有很强的"命令—服从"的特征,权利集中于最高管理层下级主要的工作是服从和执行,缺乏必要的自主性。各种灾害实际考验的是决策的快速反应能力和临机应变能力。另外,在职能型组织结构下随着各地区、各部门都在建立和完善灾害应急处置工作责任制,并将落实纳入干部政绩考核的内容,很容易出现下级部门被动反应,甚至产生消极等待、片面依赖上级指令的情形。

5.2　海洋生态灾害应急主体角色分工遵循的原则

5.2.1　系统全面原则

　　在传统的职能型应急管理运行模式下,职责交叉不清、部门分割、条块分治导致产生严重的信息隔阂,人为地增加了认知决策的时滞,导致事件升级扩大。因此,要坚持系统的原则,以流程为中心代替以任务或职能为中心的运行模式,在此基础上合理的地设计组织的流程体系,确定关键性的核心流程和辅助性的支撑流程,并建立流程的标准化通用模板。在应急管理组织由职能为导向的管理方式转化为以流程为导向的管理方式后,各个流程活动环环相扣,下一个环节就是上一个环节的结合点。

5.2.2　管理中心下移原则

让最明白的人最有权，即职责和权限要适当地下放。传统职能型应急管理模式的一个重要特征，就是决策权和管理权高度集中，给掌握信息的一线人员和基层人员的授权严重不足，导致信息点和决策点过长，一线和基层人员工作动力不足，很多时候只有在决策者发号施令后才能推动工作。而在流程梳理顺畅滞后，很多以前需要决策者发号施令的工作环节能够得到自动运行，很多需要决策者审批才能得以同行的事情现在变得不再需要。通过管理重心下移和对下属的有效授权，整个应急管理的效率大大提高，而且在有效提高的同时让"最明白"的人承担了更大的职责，有利于其主观能动心的发挥，使流程质量同时得到提升。

5.2.3　以事为中心原则

从传统的对人负责转变为对事负责。传统的应急管理都是要求对上级领导和上级部门负责，只需完成上级领导和上级部门交代的任务就行，现在从流程优化的角度看，要求员工的思想认识和行为取向转变到对流程和结果负责的观念上来。传统的职能型组织容易使信息链延长，增加沟通的时间成本。另外，也容易造成信息偏差，影响工作的质量。

5.2.4　精简过程原则

此原则要求消除应急管理过程中的不必要环节。传统应急模式决策链和信息链过长，导致在灾害发生后需要经历较长的决策时滞。减少一些不必要的过程性活动，有利于提高决策者对灾害的反应速度。维持，在应急管理流程优化后在那个，要减少流程中的上下级汇报、审批环节，让沟通、决策和问题的解决尽可能在直接参与作业层面进行。上级部门对具体问题的了解比一线人员少,凡事汇报给部门领导,由上级领导进行沟通和解决问题的方式会导致时间浪费,并会增加流程中的等待时间,增加时间成本,造成浪费。

5.2.5 利益协调原则

横向部门之间的协同合作是防治海洋生态灾害的必要手段。要协调好海洋生态灾害应急主体多元治理,其本质就是为相互冲突的利益相关方提供利益协调机制。但是如何保证应急管理坚持公共利益与私人利益的合理平衡,应该是多元参与主体有效协调利益的基础[51]。可以说,应急管理多元响应能够成功根本上取决于多元应急参与主体之间能够就公共利益达成一致,相互冲突的私人利益能够得到动态平衡,见图5-2。

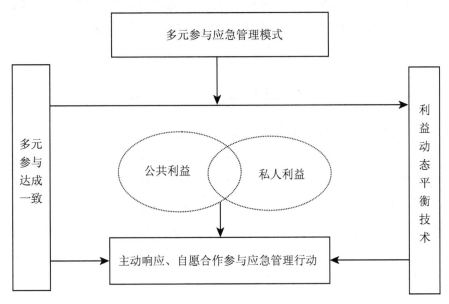

图 5-2 应急管理多元响应利益协调机制

有效的多元参与危机管理模式必须基于各行动主体在应急管理中拥有合理的利益。维护既定利益或者实现预期利益构成了多元参与主体的行动动力。只有基于合理的利益界定,多元参与主体才能主动参与、自动响应、自愿合作。多元参与合作应急模式必须能够提供有效的制度基础。通过立法允许在突发事件中有不同利益的多元主体合法地表达各自利益；通过跨部门、跨区域、跨行业委员会将政府、企业、社会团体等主要利益相关方有机地整合进应急管理过程；通过损益补偿机制快速克服应急决策中的利益冲突；通过"议题"为导向的问题或者项目解决小组协调多元参与主体的应急行动。

5.3 中央层面海洋生态灾害应急机制行为主体及角色分工

从中央层面来讲，应急机制所涉及的行为主体主要由国务院、领导小组和应急专家组构成。国务院是海洋生态灾害应急机制工作的最高行政管理机构，在国务院总理领导下，通过国务院常务会议和国家相关突发事件应急指挥机构，负责突发事件的应急管理工作；必要时，派出国务院工作组指导有关工作。

5.3.1 海洋生态灾害应急工作领导小组

我国海洋生态灾害应急机制是由国家海洋局领导，国家海洋局设立生态灾害应急工作领导小组，正、副组长分别由国家海洋局主管业务的领导和国家海洋局环境保护司的领导担任，其成员包括中国海监总队、国家海洋局预报减灾司、海洋环境保护司以及国家海洋环境预报中心和国家海洋环境预报中心主管业务的领导，主要职责是负责赤潮、绿潮、溢油灾害应急预案的启动和结束，负责监督指导应急预案的实施。

5.3.2 领导小组下设办公室和应急专家组

办公室主任由国家海洋局环境保护司的领导担任，成员包括国家海洋局环境保护司监测预报处，国家海洋环境预报中心业务处，中国海监总队相关处室的负责人。办公室的主要职责包括：

负责组织、协调赤潮、绿潮、溢油灾害应急预案的实施;负责组织、协调海洋生态灾害、灾情调查和灾后评估;组织编写赤潮、绿潮、溢油灾害和灾情调查、评估报告;负责与国家有关部门的协调工作等。专家组的成员由海洋环境预报领域及其他相关领域的专家组成,主要职责在于负责对海洋生态灾害警报发布、应急预案启动等方面提供建议和业务咨询。另外,各分局和各省(自治区、直辖市)及计划单列市应建立相应赤潮、绿潮、溢油灾害应急工作机构,落实相关责任。

5.3.3 海洋预报减灾司

海洋预报减灾司是在 2008 年新一轮国务院机构改革中国家海洋局新成立的一个职能司,其主要职责是:拟定海洋观测预报及海洋防灾减灾的政策规划和技术规范;建设和管理全国海洋观测预报网络;组织开展海洋领域应对气候变化工作;组织实施专项海洋环境安全保障体系的建设和日常运行的管理;承担海洋观测、预报和评价的管理工作;组织实施海洋断面调查工作;组织编制并实施海洋灾害应急预案;负责海洋预报警报和海洋灾害信息发布工作;编制海洋灾害和海平面公报;指导开展海洋生态灾害影响评估工作;承办局领导交办的其他事项。海洋预报减灾司内设海洋观测处、海洋预报处、防灾减灾处等三个处室。

5.4 地方层面海洋生态灾害应急主体及角色分工

省级海洋生态灾害应急主体主要由省政府、部队首长组成的指挥部,下设由省直有关部门主要领导、国家海洋局地方分局、省海事局领导和沿海地市市长为成员的应急指挥部办公室和其他机构。其他机构为应急处置专家组、环保、海洋、海事、渔业、救捞、消防、化学品防护救助、气象、石油工程、保险财务和法律等部门组成。总体应急管理由指挥部根据海洋生态灾害态势决定启动、终止应急响应，全面组织、协调与监督省级海洋生态灾害应急处置工作。

5.4.1 预防与准备过程中的行为主体及角色分工

（1）组织机构

省级海洋与渔业局设立海洋生态灾害应急工作领导小组。负责协调、指导全省海洋生态灾害的海上预防、应急处置和全省海洋与渔业系统防台抗灾救灾工作。领导小组由局长担任组长，分管安全生产工作的副局长为副组长，办公室、计划财务、科技外经、资源环保、渔业、渔政渔监、执法总队、水产技术推广总站、海洋监测预报中心等业务处室和直属单位负责人为成员。领导小组下设办公室，挂靠局办公室。

（2）主要职责

负责海洋生态灾害海上预防和处置应急预案的启动与结束；负责监督指导应急预案的实施；负责组织海洋灾害监测预报预警、防灾抗灾、生产恢复和灾后评估；负责与气象、水利、地震、海事等部门的协调工作；负责抗灾救灾、恢复生产补助项目、资金和物资的分配。

（3）领导小组办公室职责

组织研究提出海洋生态灾害防灾减灾工作计划；筹备领导小组办公会议；及时收集、整理和反映全省海洋生态灾害预测预报等信息；起草、印发有关防灾减灾的文件、通知；在赤潮、绿潮等海洋生态灾害多发时期，组织安排人员值班；统计、分析、报告抗灾救灾组织情况、自然灾害损失情况，组织编写灾害评估报告；提出抗灾救灾资金、恢复生产能力补助项目、资金和物资安排的建议方案；负责抗灾救灾相关资料的收集、整理和归档；负责处理其他日常工作。

（4）各成员单位职责

办公室：具体承办局海洋生态灾害应急工作领导小组办公室的各项职责，负责海洋生态灾害信息上报，防灾减灾工作新闻宣传等工作。

计划财务处:协调和落实海洋生态灾害救助资金;争取、落实海洋与渔业系统抗灾基础设施建设项目及灾后恢复重建项目。

科技外经处:参与灾前防灾减灾措施落实检查和灾后生产恢复技术指导工作;承担远洋渔业灾后生产恢复工作及相关涉外事务的处理工作。

资源环保处:参与海洋生态灾害的监视监测,参与近海海洋生态灾害风险评估。

渔业处:指导各类水产养殖场、育苗场等水产企业加固设施、抢收产品、安全转移物资、人员撤离工作;参与灾后生产恢复指导工作;负责灾后水产种苗、鱼药等养殖救灾物资的组织调剂工作。

渔政渔监处:指导市、县(市、区)抓好渔船进港避风组织协调工作,参与灾前防灾减灾措施落实指导检查。

执法总队:协调指挥全省海洋与渔业执法船艇,参与海上抢险救助工作。

水产技术推广总站:参与灾后生产恢复指导工作,参与灾区渔业生产结构调整、防灾减灾技术的示范推广和鱼病防疫工作;参与灾后水产种苗、鱼药等救灾物资的组织调剂。

海洋监测预报中心:负责海洋生态灾害的预警信息采集、与有关部门会商及海洋生态灾害预测预报工作;负责自然灾害数据库和风险评估模型的建立;负责海洋防灾减灾科普宣传。

5.4.2　监测与预警过程中的行为主体及角色分工

(1)海洋生态灾害的监测

监视监测工作办组织及时收集、分析卫星遥感、航空遥感、船舶以及陆岸监视监测资料,及时向指挥部办公室、指挥部及其工作机构提供相关监视监测资料。

(2)海洋生态灾害的预警

预警级别分为Ⅰ、Ⅱ、Ⅲ、Ⅳ四级警报,分别表示特别严重、严重、较重、一般，颜色依次为红色、橙色、黄色和蓝色。

当黄、渤海海域灾害面积达到 30000km² 以上或实际覆盖面积达到 600km² 以上，预计 24 小时之内将进入山东省责任海域，发布绿潮灾害Ⅰ级警报（红色）。

当黄、渤海海域灾害分布面积达到 20000km² 以上或实际覆盖面积达到 400km² 以上，预计未来 5 天内将进入山东省责任海域，发布灾害Ⅱ级警报（橙色）。

当黄、渤海海域灾害分布面积达到 15000km² 以上或实际覆盖面积达到 300km² 以上，预计未来 7 天内将进入山东省责任海域，发布灾害Ⅲ级警报（黄色）。

当黄、渤海海域灾害分布面积达到 10000km² 以上或实际覆盖面积达到 200km² 以上，预计未来 10 天内将进入山东省责任海域，发布灾害Ⅳ级警报（蓝色）。

灾害预警报由山东省海洋预报台发布，发布绿潮灾害Ⅰ级警报（红色）、Ⅱ级警报（橙色）、Ⅲ级警报（黄色）、Ⅳ级警报（蓝色）时，由预报台台长或其授权人签发。在 1 小时内以传真形式和其他通信方式通报省海洋与渔业厅。

5.4.3　处置与救援过程中的行为主体及角色分工

灾害发生后，省海洋与渔业厅根据灾害预警报信息，报请省应急指挥部办公室，指挥部根据灾害的预报等级和灾害发展态势实际情况决定启动相应级别的灾害应急响应预案。启动Ⅰ级和Ⅱ级预案后，总指挥和副总指挥亲临现场指挥，指挥部成员亲自靠上抓落实。指挥部办公室负责向总指挥和副总指挥报告情况，协调、督促、检查、后勤服务工作。各工作办根据省应急指挥部办公室的安排积极开展工作。启动绿潮灾害Ⅲ级和Ⅳ级预案后，由属地市为主负责组织处置。

（1）监视监测工作办

协调国家并调动本省的一切监测力量对灾害进行及时的跟踪

监视、监测、预测、预警,对其漂移动向进行模拟预测;对灾害处置期间的天气、海洋环境要素进行准确预报,并及时报送有关信息。

（2）海上围捞工作办

明确具体人员组织力量拟定灾害围捞工作方案。根据海上围捞工作的需要,在全省范围内调度清理船只和围捞工具开展海上围捞工作。

（3）陆岸工作办

在省指挥部的统一领导下,属地市政府要组织一切力量,做好灾害的陆岸应急处置和综合利用。

（4）科研工作办

及时组织全国的知名专家开展专题研究,提出解决灾害处置和综合利用难点问题的办法。

（5）新闻宣传工作办

制定新闻宣传工作方案,随时召开新闻发布会,对外发布有关信息,统一信息发布口径,维护社会稳定。

（6）应急工作联络办

做好联系事宜。

（7）绿潮灾害应急响应的终止

经专家评估,灾害隐患已消除,对海洋生态环境不会产生不利影响。Ⅰ级灾害应急响应终止由省应急指挥部研究批准;Ⅱ级灾害应急响应终止报省应急指挥部总指挥批准;Ⅲ级灾害应急响应终止报省应急指挥部副总指挥批准;Ⅳ级灾害应急响应终止报省应急指挥部办公室批准。

5.4.4 恢复与重建过程中的行为主体及角色分工

灾害应急响应终止后,省应急指挥部办公室会同各工作办及时对灾害进行科学、客观的评估总结,评估内容包括灾害的性质和级别、影响程度;总结应急预案的执行情况及有关经验和教训,提出建议。评估总结应报省政府及上级有关部门。应急处置指挥部工作办、有关部门、单位应将灾害处置有关资料进行整理，交指挥部办公室整理归档。

灾后疏散人员的回迁、安置等工作由事故发生地县级人民政府负责组织实施；应急处置过程中所回收污染物的处置由事故发生地县级以上政府环保部门负责；环境恢复，如旅游区、海水浴场、海洋自然保护区等，需要经过较长时间的人工或自然恢复，才能消除污染影响时，由相关部门根据相关法律法规赋予的职责在应急反应结束后组织有关部门和专家进行评估，提出适当的恢复方案及跟踪监测建议，由事故发生地县级以上政府统一组织实施。所需费用由事故责任方承担。

最后，进行奖励和惩罚措施。对在应急处置行动中做出突出贡献的单位和个人，由省应急指挥部报请省政府依据有关规定给予表彰、奖励。在应急行动中牺牲或致伤残的，按照有关规定向有关部门申请批准为革命烈士或由民政部门按相关规定给予抚恤优待。对故意推诿、拖延，不服从应急处置指挥机构的协调指挥，未按本预案规定履行职责，或违反有关新闻报道规定的责任人，以及滥用职权、玩忽职守的应急指挥机构工作人员，由应急指挥机构予以通报批评，并建议其上级主管部门依照有关规定追究行政责任或给予党纪、政纪处分。造成严重后果，构成犯罪的，交由司法部门追究刑事责任。

5.5　本章小结

本章主要介绍了海洋生态灾害过程中中央层面和地方层面各行为主体的构成及其角色分工。另外，中央层面行为主体存在多头领导及权限交叉，容易造成职责不清现象；地方层面行为主体存在条块分割现象，各个部门之间的衔接还不够紧密，只有各应急主体之间协调响应，公共利益和私人利益合理协调，才能更好地带动各主体发挥其作用。

第6章 海洋生态灾害检测预报技术
——以赤潮为例

海洋生态灾害发生机理复杂,很难从根本上进行根治。目前我国仍然是采取"以防为主,治理为辅"的减灾措施。为了更好地防治海洋生态灾害的发生,有必要对其监测预报技术进行归纳概括,总结目前检测预报技术,有利于海洋灾害的预警机制建设[55-60]。本章选取赤潮为例,对其目前的监测预报技术进行概括归纳,找出现有技术的不足,为下一步研究方向提供建议。

近年来,我国赤潮灾害发生尤为频繁。据国家海洋局统计,2000—2011 年我国沿海平均每年发生赤潮 75 次,平均年累计面积 15013km²。赤潮灾害不仅造成了海水水质恶化、破坏了海洋生态环境,而且还制约了蓝色经济的发展[61]。

因此,制定有效的赤潮防灾减灾对策,已成为沿海省份和地区的当务之急。而有效的防治对策是建立在检测预报信息基础上的,准确的检测预报能大大增强赤潮发生的预见性,能够有效控制赤潮灾害的发生,减少公共财产损失,对整个海洋生态环境的保护具有重要意义[62],但是由于赤潮预报信息的欠缺性和网络建设的滞后性,目前仍不能从根本上防治赤潮的发生[63]。因此,加强对赤潮的检测预报方法研究,构建赤潮预警信息系统,为养殖户、渔民和海洋管理部门提供及时、准确的灾害信息,有利于海洋生态系统的可持续利用。

6.1 赤潮灾害检测预报方法

6.1.1 经验检测预报法

经验检测预报法主要是观察赤潮发生前后生存环境各因子的异同,找出其变化规律与赤潮发生的关系,从而预报赤潮的发生。具体包括赤潮生物检测预报法、海水温度检测预报法、叶绿素 a 浓度检测预报法、透明度检测预报法、营养盐类和 pH 值检测预报法等。此方法一般需要建立固定的监测站,派专门的人员定期进行观察和收集数据,因此,成本较高,并且一般只适用于小规模检测预报。

(1)赤潮生物检测预报法

此方法是通过检测赤潮生物来预报赤潮发生的一种常用方法。赤潮生物是引发赤潮的内在因素,主要是一些浮游生物,这些浮游生物大多数为单细胞藻类[64],单细胞藻类具有新陈代谢快,繁殖能力强的特点,这也是形成暴发性增殖赤潮的最重要原因。例如赤潮异弯藻(Heterosigma akashiwo)在适宜条件下的倍增率为 0.85 d^{-1},浮动弯角藻(Eucampia zoodiacus)的倍增率为 0.94d^{-1},而中肋骨条藻(Skeletonema costatum)的倍增率则高达 6d^{-1}[65]。我国常见的有害赤潮生物主要是甲藻,包括亚历山大藻属、膝沟藻属、裸甲藻属和鳍藻属的种类。此外,海洋卡盾藻(Chattonellamatina)和赤潮异弯藻(Heterosigma akashiwo)等也被证实有毒害作用[66]。近年来东海原甲藻(Prorocentrum dong-haiense lu)和球形棕囊藻赤潮频频发生,对海洋经济造成严重损失。其中,原甲藻大多数情况下处在水体表层及次表层,是造成东海大规模有害赤潮的原因之一[67-68],而球形棕囊藻是一种广温广盐性的藻类,具有复杂的异型生活史,繁殖速度快,细胞密度高从而易形成赤潮[69]。吴瑞贞等[70]发现赤潮暴发海域的污染物源大多集中在入海排污口、养殖区排污口等,养殖区水域的富营养程度高于非养殖区。因此,定期对易发区域海水进行赤潮生物数量的检测,是预报赤潮发生的方法之一。

(2)海水温度检测预报法

海水温度是赤潮生消过程中重要的影响因子之一。Eppley[71]认为当海水表层和底层水温变化较小时,其水体密度差异较小,分层现象不明显,不利于水质充分运动,为赤潮生物的繁殖提供了充分的条件。Goldman 等[72]指出,水温对浮游生物的繁殖有很大的影响,其结果可以引起优势种的更新换代。邹景忠[73]的研究发现夜光藻种群数量变动与温度关系密切。周成旭等[74]得出夜光藻大量繁殖的最适水温为 18℃,并且当海水温度超过(低于)积温值时,会诱发(抑制)赤潮的发生。赵冬至[75]根据有效积温法系统分析了海温年变化与赤潮发生的关系。利用海洋台站多年的观测资料,建立了标准积温曲线,以确定不同赤潮种类的标准发生时限和积温数。因此,按照有效积温的计算方法,其计算起点应为某种赤潮生物的生物学零度,但考虑到温度对赤潮生物尤其是孢囊萌发的控制作用以及不同赤潮生物积温之间的对比,选用每年冬春交汇之际的最低温度日作为起算点。否则会导致积温的过高或过低估计。所以,通过积温也可以达到赤潮灾害的预报效果。

(3)叶绿素 a 浓度检测预报法

引发赤潮的浮游生物体内都含有叶绿素 a 等色素,当赤潮发生时,浮游生物增多会导致叶绿素 a 的含量增加,通过监测叶绿素 a 的浓度大小,可以反映海区现有浮游生物浓度的高低[76]。邹景忠等[77]提出把叶绿素 a 的浓度 $1\sim10\text{mg/m}^3$ 作为富营养化的阈值。矫晓阳[78]提出了采用单一参数叶绿素进行短期赤潮预报,当叶绿素 a 值大于基值 $2.7\sim4.7\text{mg/m}^3$ 的这一天为起点,如果连续 2 天内,所测定出的叶绿素 a 值呈指数增长的趋势,就可以判定未来 $1\sim3$ 天之内可能会发生赤潮;否则判定未来 2 天内发生赤潮的可能性较小；如果叶绿素 a 值小于 $1mg/m^3$，可以认为 2 天内不会发生赤潮。此方法目前也只是停留在实验阶段，真正实际应用中还需要一定的技术和设备支持，其推广范围较小。

（4）透明度检测预报法

当海水表层和底层水温变化很小时，其水体密度差异较小，分层现象不明显，不利于水质充分运动，为夜光藻类的增殖提供了充分的条件。因此，检测近岸表底层水温对赤潮的预报具有重要作用。另外，赤潮发生时大量藻类聚集导致海水透明度变化很大，因此也可以利用透明度作为赤潮预警监测或短期预报的参数。矫晓阳[79]发现，在一定条件下，透明度与浮游植物密度有着反向关系。浮游植物密度越低，透明度越高，浮游植物密度越高，透明度越低。在浮游植物数量为 $10^6 \sim 10^7/m^3$ 级别范围时，透明度一般大于1m；在数量为 $10^8 \sim 10^9/m^3$ 级别范围时，透明度一般小于 1.5m；当数量为 $10^{10}/m^3$ 级别时，透明度绝大多数都小于 1m，其建议可以把透明度值 1.6m 作为赤潮的预警标准值。鉴于赤潮是生态学现象，而不是物理学现象，并且海况也能直接影响透明度测量的精确性，因此，在实际操作中此种方法的适用性较差。

（5）营养盐和 pH 值检测预报法

海水中的营养盐是赤潮生物生存的物质基础，是检测赤潮发生的基本要素。其中，无机磷（PO_4^{3-}）和无机氮（DIN），包括硝酸盐（NO_3^-）、亚硝酸盐（NO_2^-）和氨氮（NH_4^+）、（NH_3）是海水中富营养化污染的主要指标[80]。这些营养盐的循环方式、周期和速率也会影响到浮游植物的种群变化。曹婧等[81]发现当盐度、pH 降低到一定值，营养盐含量达到一个较高值时，会暴发赤潮。Ikegami 等[82]的研究也表明了无机盐在赤潮藻种增殖中的重要性。赤潮的发生除需氮、磷等主要营养物质外，还需要一些微量物质，如 Fe^{2+}、Mn^{4+}、Cu^{2+} 等金属离子，在缺乏游离态 Fe、Mn 的情况下，浮游植物细胞生长代谢受到了抑制，即使在适宜的光照、盐度、pH 值和基本营养条件下，也不会急剧增殖形成赤潮[83]。

可见,赤潮的发生与无机盐和微量离子的含量有很大的关系,通过检测无机盐的含量,可以起到预报赤潮的效果。但此方法需要结合赤潮生物检测预报法等多种方法并用才会达到更好的预报效果。

6.1.2　赤潮检测预报模型法

此方法主要是用数学模型来模拟赤潮的发生,通过构建赤潮与其影响因子的线性或非线性回归模型,计算回归系数,从而对赤潮进行预测。

(1)统计学模型

统计模型可分为单因子统计模型和多因子统计模型。王正方等[84]建立了基于溶解氧的长江口赤潮单因子短期预报模型,发现溶解氧昼夜变化差值大于或等于 $5mg/dm^3$ 时,可预报赤潮发生。林祖享等[85]根据大亚湾澳头水域资料数据,建立了包含潮汐、风向、天气和水文等因子的多元线性回归方程,并首次利用物理因子预报了该海域连续两次赤潮的发生[86]。王惠卿[87]建立了大连湾浮游植物生物量与环境因子的多元回归赤潮预测模型。谢中华等[88]根据大亚湾澳头水域的特点,建立了预报赤潮的混合回归模型。首先建立了浮游植物细胞密度和各主要因子间的非线性回归模型 Y_1, Y_2, Y_3, Y_4;然后建立 Y_1, Y_2, Y_3, Y_4 和 Y 的多元线性回归模型,从而得出用于预报的混合回归模型。此种方法改进了多元线性回归模型,预测值和实测值高度相关,模拟情况良好,提高了赤潮预报的准确性。另外,也有其他一些多元统计方法,如判别分析、主成分分析、灰色预测模型[89]、和 Logistic 回归等[90]。也有学者利用综合指数法进行预测,包括营养状态质量指数、Justic 指数、Ignatiades 指数等[91-92]。这些模型大多假设线性关系,不太符合赤潮发生机理的复杂性,因此,仍处于理论阶段,现实应用较少。

(2)动力学模型

赤潮发生过程是一个复杂的动态系统,把赤潮发生过程当做动力学系统来考虑，对研究赤潮发生机制有一定的帮助。目前常用的动力学模型主要有物理—生物耦合模型、营养动力学模型和生态动力学模型等。

物理—生物耦合模型模拟赤潮生物在水动力作用下的扩散和聚集。Kierstead 和 Slobodkin[93]提出了用来模拟种群扩散对赤潮影响的耦合模型。Wyatt 和 Horwood[94]提出了一种种群集聚模型，如果浮游植物的增长率相对于浮游动物的摄食率很大时，模型可以模拟出赤潮的发生。营养动力学模型是利用营养物质浓度的增加与藻类增殖之间的制约关系而设定的模型。如王寿松等[95]建立了大鹏湾夜光藻—硅藻—营养物质三者相关的营养动力学模型。生态动力学模型是一种包含有环境动力学和生物动力学的模型，通常是用微分方程描述并通过数值方法求解。乔方利等[96]建立了长江口海域包括 N、P 和 Si 对浮游生物增长影响的生态动力学模型。夏综万等[97]将海洋动力学和赤潮生物动力学相结合，建立了一个赤潮生物发生的生态动力学模型。从模型的效果看，由于缺乏足够先进的观测资料，这些模型大多用于短期预报；此外，这些模型大多是在预先设定的理想环境中建立起来的，实际情况往往要复杂得多，所以，并没有真正应用于赤潮预报。

（3）神经网络模型

赤潮是由多因素综合作用引起的，赤潮生物增殖与影响因子之间具有高度的复杂性和非线性，应用偏微分方程为主的数学描述有时变得十分困难。林荣根[98]认为模糊数学理论方法能更客观地、科学地反映海水富营养化程度。

楼琇林等[99]运用 BP 神经网络模型预测了赤潮发生地点和范围，预测正确率达到 78.5%。Yabunaka 等[100]利用人工神经网络模型对 5 种藻类的生长和叶绿素 a 浓度进行预测，预测值与观测值模拟良好。高强等[101]将 T—S 模型的模糊神经网络算法应用在赤潮的预测中，研究各种理化因子与赤潮藻类浓度间的非线性对应规律。Laanemets 等[102]提出了一种模糊逻辑模型，利用该模型可较好地预测芬兰湾中有毒蓝藻暴发时的最大生物量。张承慧等[103]基于诱导有序加权平均（IOWA）算子与神经网络算法（LMBP）建立了赤潮组合预测模型,对四十里湾浮游植物密度进行了预测,预测均方误差为 7.8663×10^{-4}。这些结果表明神经网络模型具有较好的预测能力,是目前较流行的一种数学模型,可用于对赤潮做一些短中期的预测。

6.1.3　卫星遥感技术预报法

以上几种方法是基于赤潮发生环境的影响因子来分析的,这些影响因子调查数据的取得并不容易,不适用于大范围动态地预报[104]。而卫星遥感技术则弥补了此项不足[105]。其原理是利用卫星携带的色谱传感器对水体表面的水色进行扫描,通过赤潮特异色谱的强度和面积来预测赤潮暴发的面积及其位置和运动[106]。

赤潮遥感中很多算法都是根据海水光谱性质来建立的,这些算法已经成功地用于 AVHRR、SeaWiFS、HY-1 等卫星数据[107-113]。Craig 等[114]采用实测高光谱数据在 Tempa 湾进行了赤潮藻种的探测。毛显谋等[115]通过对东海海区裸甲藻赤潮水体、叶绿素和悬浮泥沙光谱特征的分析,提出了多波段差值比值法模型。丘仲锋等[116]发明了基于水体光谱特性的赤潮分布信息 MODIS 遥感提取方法,可有效地确定可能发生赤潮的位置。赵冬至等[117]利用 AVHRR 的波段 1 和波段 2 之间的比值水色因子,通过 NOAA/AVHRR 的短波波段探测近岸海域赤潮的发生。崔廷伟等[118]发现赤潮与正常海水的光谱差异在于 $687 \sim 728$ nm 波段的特征反射峰,据此可进行某些赤潮种类的遥感识别。张涛等[119]通过分析典型赤潮水体和典型非赤潮水体的 MODIS 光谱特征,提出了基于 MODIS 第 4,3 波段反射率比值方法来提取赤潮信息。我国于 2002 年成功利用国产卫星实现了海洋环境信息分析,并发布赤潮卫星遥感监测通报,通报准确率在 57% 以上[120]。卫星遥感在我国赤潮预报中的应用正逐渐走向定量化和业务化。

卫星遥感方法虽然是目前应用较为成功的预报方法，但其建设成本和运转成本极高，并且受天气影响较大，需要跨部门、跨地区协调运作。另外，此方法只能通过海水水色变化进行判断，而不能预测赤潮生物的发生[121]，并且图像分辨率为数十米以上，难以在地方湖泊、管理机构、企业和科研单位进行作业。

6.2　赤潮灾害防治对策研究进展

由于引发赤潮的生物种类繁多，暴发机制各异，再加上海洋面积巨大，潮流和风浪的影响，人力和自然力相差悬殊，所以，目前对赤潮的防治仍是以防为主，通过提高检测预报技术来减少赤潮灾害造成的损失。另外，在以防为主的同时，也不能忽视赤潮发生后的应急管理，把提高检测预报方法的技术性措施与加强应急管理体系建设的系统性措施有机结合起来，双管齐下，减少赤潮灾害对人类造成的损害。

6.2.1　技术性减灾措施

随着科技的发展，赤潮监测技术有了进一步提高。但是，目前赤潮治理技术大多还处于实验室研究阶段，真正用于推广应用的很少。国际上治理赤潮的技术性方法主要有物理法，化学法和生物法。

（1）物理方法

物理方法对环境的不利影响较小，但是成本较高，多数物理方法只能暂时减少赤潮的危害，无法从根本上根治。其主要方法有隔离法、增氧法、网箱与台筏沉降法、过滤法等。隔离法是指当水域发生赤潮时，迅速将养殖网箱转移到未发生赤潮的安全水域，或者将养殖箱下沉到不会造成鱼、贝类死亡的安全水层。还可以用塑料薄膜将养殖网箱围起来,防止含有大量赤潮生物的水体进入养殖网箱。增氧法是指安装使用增氧机,提高虾池的自净能力;也可以适当投放增氧机,以改善水体的缺氧状况,防止因水质恶化而引发赤潮的再度发生。除了以上方法外,还有泵吸法[122]、超声波处理、海面回收[123]等方法。

(2)化学方法

化学法主要是向水体投入特定的物质,从而控制赤潮生物的扩散,但是大多数化学残留物质的自然代谢较慢,极易给海洋环境造成二次污染[124]。目前常用的化学方法主要有直接灭杀法、凝聚剂沉淀法和天然矿物絮凝法。

直接灭杀法是利用化学药品直接杀死赤潮生物。目前已发现的能杀死赤潮生物的化学药品主要有有机除藻剂和无机除藻剂。无机除藻剂主要有:硫酸铜、生石灰、高锰酸钾、次氯酸钠、氯气、过氧化氢、臭氧、过碳酸钠等[125]。其中硫酸铜是最早应用于治理赤潮的杀菌药品,但硫酸铜成本较高、控制时间短,并且有毒性;而氧化氢浓度、过碳酸钠、臭氧浓度为 $15\sim50mg/L$ 时具有不伤害鱼类,残留量少,污染轻等优点。有机除藻剂可分为人工化学物质和天然提取物质两类。由于前者往往能破坏生态环境,故后者是目前研究的主要对象。另外,有机胺也是一大类有机除藻剂,实验表明,碳数在 $8\sim18$ 间的脂肪族胺均可作为赤潮生物防除剂[126]。总之,直接灭杀法具有操作简单、用量较少的优点,是目前较常用的方法,但该方法成本较高,不适宜在大面积赤潮海域使用。另外,此方法还对生态环境以及非赤潮生物都有某种程度的不利影响,因此,需要进一步观察和实验其对海洋生态系统的短期和长期效应。

凝聚剂沉淀法是利用凝聚剂使赤潮生物凝聚、沉淀,再进行回收。该方法对海洋环境影响较小,对赤潮生物不起杀死作用,而起凝聚、沉降作用,但是对赤潮的回收工作量太大,难以操作。现在国际上使用的凝聚剂主要有无机凝聚剂、表面活性凝聚剂和高分子凝聚剂。无机凝集剂又称为电解质凝聚剂,普遍使用的是铝和铁的化合物，主要利用铝盐和铁盐在海水状态下形成胶体粒子对赤潮生物产生凝聚作用。表面活性凝聚剂和高分子凝聚剂主要是针对赤潮生物昼浮夜沉的趋光性质而研发的。凝聚剂沉淀法在赤潮生物密集时效果较明显，作用时间短，对非赤潮生物的影响也较小，同时还可以消除水体其他悬浮物，净化水质。但是，它仍存在着一些缺点，如铁盐是赤潮生物繁殖的促进物质，铝盐等有一定的污染性。另外，凝聚剂一般价格较高，其成本问题也是该方法推广应用的一个障碍。

天然矿物絮凝法目前主要以黏土矿为主，其他矿物为辅。黏土对赤潮生物的凝聚作用与其种类、结构和表面性质等因素有关，其中蒙脱石的凝聚作用最强。其去除率的高低与黏土溶液能否和赤潮生物形成"絮状物"以及形成大小有关，通常悬浮粒子表面电荷愈多，形成"絮状物"愈大，去除率愈高。

用黏土矿治理赤潮成本较低、对海洋生态环境和非赤潮生物影响也较小，但其溶胶性较差，迅速凝聚、沉淀赤潮生物的能力较低，量少时难以完全消除赤潮生物，因此，不适用于大面积治理赤潮。针对该不足，大须贺龟丸[127]提出，用适量盐酸处理后的黏土离子有较高的铝离子置换容量和较大的比表面积，从而提高了对赤潮生物的灭杀能力和凝聚作用，提高了其去除效率。奥田庚二[128]用铝盐、铁盐在海水中形成胶体粒子凝聚赤潮生物，30min后，90％的赤潮藻被凝聚沉淀。俞志明等[129]发现在黏土中引入PACS（聚羟基氯化铝），能大大增加黏土颗粒与生物细胞间的凝絮作用，提高了黏土去除赤潮生物的能力。总之，用黏土矿物治理赤潮是一种很有发展潜力的方法，在有关基础研究的基础上，应进一步开发和应用这种方法。

（3）生物方法

利用海洋生物治理赤潮的研究刚刚兴起。生物技术是提纯生产天然病毒，利用该病毒去感染赤潮生物的技术。

首先，以菌治澡作为一种崭新的方法在赤潮治理中具有美好的应用前景[130]。例如，从海洋污水中分离的 1 株弧菌（Vibrio algoinfestus)分泌 1 种甲藻生长抑制剂(DGI),能杀死 Chattonella antiqua;从 Pseudomonas stutzeri 中提取出的 DGI 活性和稳定性更高,且对鱼类无害;从水华铜绿微囊藻中分离类似炬弧菌的细菌,该菌以多价裂殖方式繁殖,进入铜绿微囊藻的细胞使宿主细胞溶解[131]。日本学者发现,微绿球藻(Nanochloris eucanryotum)分泌的 Aponins,也可溶解产毒赤潮藻(Gymondinium breve)。

其次,保护红树林、栽培海藻也有助于减少赤潮的发生,因为红树林吸氮能力很强,可减弱鱼、虾过度繁殖造成的富营养化程度,起到生物净化作用,减少赤潮发生。杨宇峰和费修绠[132]发现龙须菜(江篱)和坛紫菜是减少海区富营养化最有效和最佳的人工栽培对象。

最后,藻类及其毒素研究已进入分子生物学时代[133]。1993年 AOAC 国际组织将“海产品中毒素的监测”作为年会主题,提醒人们关注海产品中的毒素问题。现有的毒素检测技术有小鼠生物法(Mouse Bioassay,MBA)、化学检测技术、酶活性抑制检测技术、免疫学技术等,而且陆续有新方法、新技术出现[134]。利用海洋微生物对赤潮藻的灭活作用及其对藻类毒素的有效降解作用,可使海洋环境长期保持稳定的生态平衡,从而达到防治赤潮的目的,因而是理想的防治方式。

6.2.2　系统性减灾措施

目前,赤潮减灾对策大多集中在技术性措施层面,由于赤潮防治涉及的行业部门较多,需要全社会的通力配合与协作才能完成。因此,让整个社会参与到赤潮的防治中,加强大家防灾意识,制定赤潮防治的立法体系,完善赤潮的应急预案,建立赤潮的预警信息系统,以及赤潮发生后的应急管理系统等。

(1)提高公民防灾避灾的参与意识

防治赤潮灾害是整个社会共同的职责,强调全民参与、培养互助自救意识，加强基层监测队伍建设是防治赤潮的必要手段[135]。另外，组织民间团体和志愿者队伍参与赤潮的监测和防治，是应对海洋灾害的客观需要，是增强公众互助自救意识和能力的有效方式，是降低政府成本和提高工作效率的重要手段[136]。拓宽基层赤潮灾害的科普宣传，充分利用网络、电视、广播、报纸等媒体平台，有针对性地开展赤潮灾害的预防科普宣传教育活动，增强公众防灾自救意识和能力[137]。

（2）制定相关的法律制度

严格限制营养物质流入海水，不能超过海域自净能力的上限。一方面，采取生态养殖，通过多品种混养、轮养、立体养殖等技术净化海水，防止海水富营养化[138]。另一方面，制定法律制度，禁止人们随意排放生活和工业污水。另外，对污水排海工程的可行性进行慎重考量，以系统的方法，精心设计、施工、运行和管理，并辅以必要的质量监督控制。对于水流交换速度慢、污染物易聚集的海域、应加强沿岸工业废水、生活污水的治理，特别是赤潮易发生海域，更要禁止营养物质进入海水。

（3）建立赤潮灾害的预警信息系统

随着现代计算机技术、卫星技术和地理信息技术的发展，搜集和整理历年来赤潮发生的原因、时间、地点、侵害面积、造成的经济损失等方面的信息，建立赤潮灾害数据库和赤潮灾害预警系统[139]。另外，预警系统可结合利用卫星、地理信息系统准确地确定赤潮发生的位置和面积，对其防范起到快速响应的效果[140]。

（4）建立赤潮灾害应急管理的联动机制、监督机制和问责机制

赤潮灾害常常涉及多个部门或地区，更有可能跨区、跨省，造成大面积灾害。因此，为了保证应急主体协调、统一行动，需要建立赤潮灾害应急管理联动机制。保证应急管理部门在整合多元主体共同参与决策的同时，可以发挥联动系统高效、统一的指挥作用来进行快速决策，以有效调动资源，形成合力[141]。另外，建立相对应的监督机制，包括突发事件之后的应急管理问责机制，

以保证在应急管理工作顺利实施的同时,促进我国应急管理体制的健全与完善。

6.3　赤潮灾害预报技术不足之处

6.3.1　预报技术不足之处

综上所述,赤潮检测预报技术和减灾对策较以前都有了很大进步,但是仍存在一些不足之处。例如,在赤潮检测预报技术方面,经验检测预报法由于赤潮发生机理的复杂性和环境的多变性,在实际中很难运用;统计模型大多没有把赤潮的生理过程考虑在内,存在一定的局限性;卫星遥感算法成本较高,受天气影响较大等;最后,赤潮生物大多是在整个真光层内大量存在,而这些方法探测的都是海洋表面的参数变化。因此,为了给防灾减灾提供及时、迅速、可靠的科学信息,建立我国赤潮监测、预警和实时预报系统已成为十分迫切的任务。

6.3.2　预报技术研究展望

本书所介绍的富营养化海域生物修复方法和改性黏土法都是近年通过科研完成的赤潮治理方法,应加大相关研究领域的投入,力争在基础理论和应用技术方面有新的突破,研究出符合生态经济原理的赤潮治理新方法,发挥科学研究在赤潮管理和减灾中的先导作用。今后我们应重点关注以下方面的研究。

(1)赤潮灾害检测预报方面

要继续发展多学科综合研究赤潮发生的机理,把生物学、生态学、环境学、化学和物理学在赤潮研究中科学耦合。从新的角度开发新的算法,重点研发赤潮生物 DNA 分子探针技术、基于机载的航空海洋光学遥感技术、利用荧光原位杂交技术、蓝绿激光雷达探测海洋赤潮技术等。

（2）赤潮灾害减灾措施方面

首先要继续开发和研究以生物学技术为代表的技术性减灾措施，研究生物竞争与赤潮生物变化的关系，有利于保护海洋生态系统的可持续利用；其次，研究赤潮发生海域的区划，对赤潮多发海域重点监测和预报；最后，进一步完善赤潮发生后的应急管理系统，包括"一案三制"体系的完善以及应急管理的流程优化研究。

6.4　本章小结

本章主要讨论了赤潮灾害的检测预报技术及减灾对策。通过文献研究发现，目前检测预报方法存在着测量速度慢、操作成本高、运行效率低的瓶颈。需要研发一个基于海洋生态过程的预报新技术，把生物学、环境学、数理统计学、物理学和化学等学科科学耦合，综合性研究赤潮多样性聚变机理是下一步赤潮预报方法的研究方向。在加强预报监测的基础上，制定相关的应急方案，对防治海洋生态灾害具有重要的意义。

第7章 海洋灾害应急管理国际经验

7.1 美国海洋灾害应急管理

7.1.1 应急管理组织

美国位于西半球的北美洲中部,国土面积 915.9 万平方公里,仅次于我国,居世界第四位。美国国土三面与海洋相接,东临大西洋,南面是墨西哥湾,西临太平洋,大陆海岸线长达 22680 千米。美国有着非常丰富的近海海洋资源,也是世界上最早开发海洋资源的国家之一。1986 年,在世界范围内美国率先制定了《全球海洋科学发展规划》;进入 20 世纪 90 年代,统计显示,1996—2000 年美国先后总计投入 110 亿美元用于民用海洋研究和海洋开发;2002—2009 年 Small Business Innovation Research 仅给予美国水产业的资助累计就超过 1187.5 万美元。美国不仅在财政上给予海洋资源开发以巨大支持,更通过法律和相关政策保障海洋资源开发。如 1996 年美国国会通过《海洋资源与工程开发法》;2001 年美国国会通过《2000 年海洋法令》,宣布成立美国海洋政策委员会,专门负责制定海洋开发相关政策;2004 年美国海洋政策委员会颁布《21 世纪海洋蓝图》,并在同年通过《美国海洋行动计划》。通过美国国家财政、法律和相关政策的倾向和扶持,美国在海洋科技、海洋经济和海洋综合管理方面的水平处于世界领先。美国近海海洋资源开发政策,从横向看,内容非常全面;从纵向看，制定层次非常高。因此，相关政策运行效果很好。海洋资源开发的顺利进行必须要有良好的政策、法律、管理等手段作保障。

美国也属于海洋灾害频发的国家，由于经常遭受飓风、风暴潮等海洋灾害的侵袭，美国较早地建立了应急管理体制。纵观应急管理在美国的形成与发展，大致经历了三个主要阶段：分散管理阶段、统一管理阶段以及整合发展管理阶段[142-143]。其中，整合发展管理阶段是从21世纪初期开始。2003年，以联邦应急管理局（FEMA）为首的二十多个联邦机构、项目组织等共同组建了美国国土安全部，国土安全部是美国应急管理的核心机构。美国政府的应急管理体系基本是由四个层次构成：联邦政府层—国土安全部，州政府层—应急管理办公室，地方政府层—应急管理机构。美国的应急管理计划包括基础计划、紧急事件支持功能附件、恢复功能附件、支持功能、意外事件附件和附录六个部分。美国的应急管理涉及应对自然灾害、公共安全事件、恐怖主义等一切威胁到国家安全的灾害或者事故。

（1）国土安全部（Department of Homeland Security，DHS）

国土安全部是美国应急管理的核心、中枢机构，可以说是美国最近50年最大规模政府机构改组的产物。国土安全部是美国灾害预测、灾难反应和应对行动的中央协调机构，负责组织协调重大紧急事件的防范、计划、管理、救援和恢复等工作；并且对联邦应对计划中的所有分计划、子计划进行整合、协调、修改等，领导联邦应急管理计划的发展和维持。国土安全部日常计划和管理工作量很大，特别是在紧急事件发生后，从事件初期的协调调度、新闻发布、运输、筹备等工作，到事件发生过程中的协调整合、计划修改、人员设备部署等工作，再到事件后续恢复等工作都需要国土安全部来做。海洋生态灾害应急管理主要是由国土资源部的应急准备与反应分部负责监视监测国内灾害准备训练，协调政府各个部门的应灾行动；特勤处和海岸警卫队负责保护总统及政府要员的人身安全，保护重要公共建筑物、港口和水域等。图

7-1 是美国联邦政府应急管理示意图。

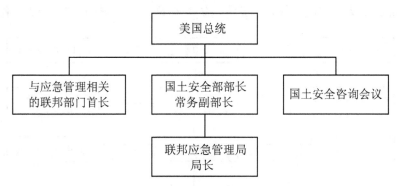

图 7-1　美国联邦政府应急管理示意图[143]

（2）联邦应急管理局（FEMA）

联邦应急管理局是美国国土资源部最大的部门之一,联邦应急管理局下设应急准备部、应急响应部、缓解灾害影响部、灾后恢复部、区域代表处管理办公室五个职能部门,有大约 2600 各全职工作人员。在联邦应急管理局的灾害医疗救援体系内有 10000多名训练有素的医护人员,1600 家应急支持定点救援医院。由美国总统直接任命联邦应急管理局局长,联邦应急管理局可以直接向美国总统报告。在应对紧急事件过程中,该局专门负责重特大灾害应对管理。联邦应急管理局的主要职责是:通过应急准备、紧急事件预防、应急响应和灾后恢复等全过程应急管理,领导和支持国家应对各种灾难,保护各种设施,减少人员伤亡和财产损失。联邦应急管理局总部设在华盛顿特区,并且把全美划分成 10个应急区,每个应急区设立工作办公室,配备 40～50 名工作人员负责与地方应急管理机构联系和御灾。图 7-2 是美国联邦政应急管理局（FEMA）功能结构图。

（3）州政府应急服务办公室

州政府应急服务办公室在整个美国海洋灾害应急管理体系中居于骨干地位,是整个应急管理体系中的重要单元,起到连接联邦应急管理局和地方市应急准备局的承启作用。该办公室的主要职责是:协调州应急预案准备以及预案实施过程中的活动;协调安排州应急管理部门与地方政府部门之间的应急响应活动;协调用于应急响应、救援安置和灾后恢复重建的联邦和州的各种资源，确保做好各种灾害的备灾、减灾、应急和恢复等一切应急管理工作。

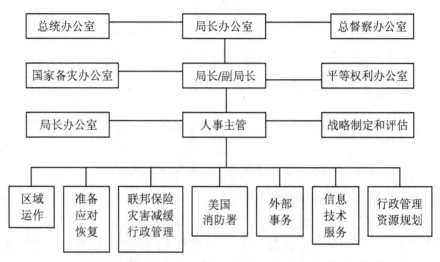

图 7-2　美国联邦政应急管理局(FEMA)功能结构图[144]

（4）市应急准备局

　　市应急准备局在美国整个应急管理体系中属于基本单元，是市政府的应急管理重要部门。应急准备局主要负责本行政区域内各种灾害、突发事件的应急防范、应急准备、策划、应急救援、灾后恢复等应急管理活动；协调其管辖区域的公众宣传教育和社区应急准备；日常工作中要负责收集相关信息数据，编制应急预案，维护管理应急运行中心。

7.1.2　应急管理运行模式

　　美国海洋灾害应急管理体系形成了国家—州—市三级扁平化应急管理网络，在应急管理网络中，地方政府是基本节点，节点的所有应急行动均以灾害指挥系统、多机构协调系统和公共信息系统为指导，积极开展各个阶段的应急行动。各个节点以灾害影响规模、应急资源需求和灾害控制能力作为请求上级政府援助的依据，一般来说，灾害发生初期，首先由各个州进行自我应急管理,联邦政府在灾害超出了州政府控制能力的时候提供国家救援帮助。美国海洋生态灾害应急管理运行模式有统一管理、属地为主、分级响应和标准运行等特点[144]。图 7-3 为美国总统宣布紧急事态或重大灾难状态程序图。

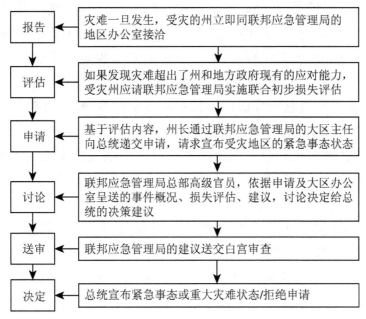

图 7-3　美国总统宣布紧急事态或重大灾难状态程序图[145]

（1）统一管理

包括自然灾害、紧急事故、恐怖袭击、公共安全事件等在内的各种重大突发事件发生后,均由美国各级政府应急管理机构统一指挥调度各种资源应对灾害或灾难。在日常工作中,各级应急管理部门主要负责人员培训、公众宣传教育、救援演练、物资与技术保障等工作。

（2）属地为主

在美国应急管理运行模式下,无论灾难或者灾害的规模有多大,波及范围有多广,应急管理的指挥任务均是由事件发生地的政府部门来承担,联邦政府和上一级政府主要负责协调和援助。国土安全部和联邦应急管理局很少介入地方的指挥工作,例如"卡特里娜"飓风和"9·11恐怖袭击事件"这样极其严重的重大灾害和灾难，在当时应急管理时，也是主要以奥兰多市政府和纽约市政府作为应急指挥的核心。

（3）分级响应

根据事件规模、强度的大小来确定应急响应的规模和级别，并不是指挥权力的转移，在美国的应急管理运行系统中几乎不存在指挥权的转移。确定应急响应级别的原则是：事件的严重程度和公众对事件的关注程度；有些事件虽然不确定是否会发生重大破坏性事件，如奥运会、总统选举等，但是社会公众关注程度很高，仍然需要应急管理部门保持最高级别的预警和响应。

（4）标准运行

应急管理从开始的应急准备到收尾的恢复阶段全过程中，所有行动都要遵循标准化的运行程序，包括监测、预警、物资、调度、信息共享、术语代码、通信联络等，甚至救援人员的服装标志，都需要采用所有人员均能识别的标准或做法，目的是提高应急指挥效率，减少指挥失误。

在美国国家安全部、联邦应急管理局、各州和市各级应急管理机构中均设有应急运行调度中心。应急运行调度中心的日常工作是：监控潜在的自然灾害、灾难和恐怖袭击等信息，保持与上下级管理机构的联系畅通，汇总并分析各类信息，及时下达应急管理过程中紧急事务处置指令，及时反馈指令执行过程中的各类情况。该调度中心日常工作中最重要的一项是收集潜在信息。通过调度中心中 24 小时连续运转的信息监控室，利用互联网、有线电视和无线通讯等手段，收集各类信息并进行分析，以便及时掌握某一区域内潜在的危机态势。信息监控室把监控到的各种信息汇总到调度中心，以便及时做出准确判断，采取有效的应对措施。

7.1.3　应急管理运行模式特点

（1）应急管理组织层次清晰、机构完备、职能明确

美国一直以来非常重视应急管理体系与机制建设，从 20 世

纪 70 年代联邦应急管理局成立,到"9·11 恐怖袭击事件"后联邦应急管理局地位空前提升,并且合并了 22 个中央政府机构,组建成国土安全部;应急管理职能从自然灾害防御扩展到自然灾害、公共安全事件、恐怖袭击和战争的综合管理。建立起了第一层次联邦层次,第二层次全美各州,第三层次各个州的市三级应急管理体系。每一级应急管理机构均设立应急运行调度中心。

(2)极其重视监控预警系统建设

在监控预警方面,各个层次的应急运行调度中心通过 24 小时连续运转的信息监控室,利用互联网、有线电视和无线通信等手段,收集各类信息并进行分析,以便及时掌握某一区域内潜在的危机态势。信息监控室把监控到的各种信息汇总到调度中心,以便及时作出准确判断,下达紧急事务处置指令,采取有效的应对措施。以防范海洋生态灾害为例,美国组建了国家应急行动中心、气象卫星监测报告系统、近海大都市气象监测系统以及自然灾害应急救援沟通系统四个层次的防范系统,充分应对赤潮、绿潮、海洋溢油等海洋生态灾害。应急管理是一项系统工程,美国政府还在应急法制建设、应急资源保障、应急管理信息系统开发、应急教育和培训等方面做了非常充分的工作,保障了世界领先的应急管理能力。

(3)应急管理法律体系非常完善

美国的应急法制建设经历了较长的发展历程,从 20 世纪 50 年代初到 20 世纪末,美国的应急管理法制建设都在不断完善。应急管理法制体系主要涵盖了基本反应体系、应急法制立法和危机反应机构及其职权。应急管理法制基本反应体系包含了对一般紧急事件的处理,对自然灾害、灾难的紧急处理,重大灾难灾害的宣布,紧急处理等事务;应急管理法制立法主要包括:《洪水保险法》和国家洪水保险计划(1968 年),《灾害救助和紧急救援法》及其修正案(1974 年),《国家紧急状态法》(1976 年),《国家地震灾害减轻法》(1977 年),《美国油污法》(1990 年),《联邦应急计划》(1992 年)等。

（4）应急物资供应技术支撑系统强大

为了满足灾害和灾难救援物资需求，美国除在本土建立了完善可靠的应急物资储备、运输系统，还在太平洋地区的关岛和瓦胡岛建有应急救援物资储备仓库，该仓库储备了救助物资、食宿物资、生活用品、医疗物资、工程设备等救援物资。另外，美国的应急管理通信信息系统在应急管理过程中起到至关重要的作用。通过集群集成网络、卫星、通讯等设施，实现各个政府部门的连接互通，效率较高、指挥灵活，保证了应急管理在紧急状态下的指挥效率。

7.2 英国海洋灾害应急管理

7.2.1 应急管理组织

英国国土位于西风带，陆地被大西洋、北海、爱尔兰海和英吉利海峡包围，受海洋的影响，英国气候温暖湿润，属于温带海洋性气候。英国海岸线大约 11450km，近海大陆架蕴藏着丰富的海洋资源，仅近海海洋油气资源就非常可观，大约蕴藏 10～40 亿吨海洋石油，8600～25850 亿立方米海洋天然气。英国大约 30% 的人口居住在距海洋 10km 的沿海地带，因此，英国是一个受海洋灾害影响较大的国家。基于丰富的近海海洋资源，进入 21 世纪，英国加快了近海资源的开发步伐。2005 年英国发布《未来的近海》海洋开发战略，强调了沃什湾、利物浦海湾和泰晤士河口三个海域的海洋资源开发；2008 年英国颁布《风能主导》法案，加快推进北海、爱尔兰海、英吉利海峡三个海域海上风能资源的开发；2009 年英国的《海洋和沿海进入法案》和 2010 年英国的《海洋法案》，这两个法案主要从海洋空间规划，加强海域综合管理方面规范了海洋开发行为[146-147]。

英国历来重视应急管理，建立自然灾害、重大事件等突发事

件的应急管理机制已有较长历史。20世纪90年代末期以来,灾
害危机形态不断变化,危害程度不断扩大,英国政府对本国的应
急管理体系进行了重新审视和优化,借鉴了美国"9·11恐怖袭击
事件"和中国"非典"事件的应急管理的经验教训,重新构建以3C
(Command、Control、Communications),即指挥、控制、通讯为基
础的应急管理体系,强化国家层面协调协作和部门协同,整合一
切可以利用的社会资源,增强应对重大突发安全事件的合力。

（1）内阁紧急应变小组（COBR）

内阁紧急应变小组（Cabinet Office Briefing Rooms）不是一
个常设机构,通常在面临重大突发事件需要跨部门协调和指挥
时,才以召开紧急会议的方式启动。该小组人员不固定,通常根
据发生事件的性质及严重程度组织相应层级的政府官员参加,会
议的级别分为部长级和政府官员级。内阁紧急应变小组的主要
任务是:保证御灾处置指挥人员与COBR的沟通顺畅有效;及时、
精确地掌握突发事件的现实情况;制定有针对性的应急管理战略
目标;持续不断向社会公众提供准确信息;在采取应急措施与保
护社会公众权利之间保持高度平衡;加快应急管理决策的形成。
迄今为止,内阁紧急应变小组成功处理了包括2000年英国燃油
供应短缺危机、2001年的口蹄疫、2005年的伦敦地铁爆炸、2006
年的高致病性禽流感等一系列突发事件。图7-4是英国中央政府
应急管理机构体系图。

（2）内阁办公室国内紧急情况秘书处（CCS）

国内紧急情况秘书处（Civil Contingencies Secretariat）成立
于2001年7月,CCS的主要工作是协调跨部门、跨机构的应急管
理行动。CCS的主要职能,一是负责应急管理体系规划和御灾准
备,具体包括物资准备、装备准备和日常演练;二是对突发事件风
险和危害程度进行评估,具体分析危害发生的概率和发展变化的
趋势,确保应急计划和措施的针对性;三是在突发事件发生后,决
定是否启动COBR,制定紧急应对方案,协调各个相关部门的应
急管理工作,督促地方政府及时报告事件处理情况,以便及时介

入干预，防止不当处理的发生；四是应急管理工作评估，从战略层到操作层提出改进意见，推动应急管理立法工作向前发展；五是组织应急管理人员培训。

英国在处置突发事件，应对各种自然灾害和灾难方面，除了上述管理部门，还包括以下常规应急管理部门：中央政府、地方政府、国民健康事务部、志愿者组织、警察部门、消防部门、环保部门、相关行业与企业、海上及海岸警卫署、军事部门等机构。各个机构在应急管理体系中发挥着各自不同的职能，确保应急管理顺利进行。

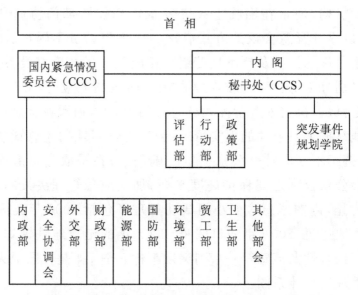

图 7-4　英国中央政府应急管理机构体系图[148]

7.2.2　应急管理运行模式

上文提到英国应急管理体系中包括内阁紧急应变小组（COBR，又称"眼镜蛇"）、国内紧急情况委员会（Civil Contingencies Commitment，CCC）、国内紧急情况秘书处（Civil Contingencies Secretariat，CCS）和各个政府管理部门，见图 7-4。首相是应急管理最高行政首长，地方政府中的警察、消防、医护等部门是应急管理的直接参与部门,地方的志愿者组织等非政府组织给予协助和支持。中央政府一般只负责全国性重大突发事件和恐怖袭击事件,内阁紧急应变小组是英国政府危机处理最高机构,一般只在遭遇非常重大的危机或紧急事件情况下才启动;CCC 由各个部门大臣和官员构成,主要负责向 COBR 提供咨询意见并监督中央政府部门在紧急情况下的工作情况;CCS 主要负责英国国内日常应急管理工作和在突发事件发生后协调跨机构、跨部门的应急管理行动,为 COBR 和 CCC 提供支持工作。

（1）分级应急处置模式

英国的应急管理运行模式通常根据突发事件的性质和严重程度,采取分级御灾应急处置的模式。以海洋生态灾害应急管理为例,如果海洋生态灾害的破坏程度在地方政府御灾能力范围内,通常由地方政府自行处置和应对海洋生态灾害;如果海洋生态灾害的危害超出了地方政府的御灾能力,那么地方政府要及时向中央政府汇报,由中央部门应对海洋生态灾害。中央政府的应急处置分为三级:一是超出地方政府御灾能力范围但是尚不需要跨部门、跨机构协调应对的重大突发事件,由中央部门领导下协作处理;二是突发公共事件影响范围很大且需要中央政府协调御灾的情况,统筹协调军队、情报机构、CCS 和相关部门共同应对事件或灾害,必要时启动 COBR;三是爆发大规模、大范围的蔓延性或灾难性突发事件,立即启动 COBR,中央政府层面主导危机决策,实施全国范围的应对措施。前两种情况下,中央政府和COBR 一般不会取代地方政府的管理职责,只负责协调相关部门的行动。

（2）三级应急处置机制

三级应急处置机制就是"金、银、铜"三个层级的应急处置工作体系,各层级由政府统一配备通信装备、提供无线通信频道,通过中央政府逐级下达命令而构成一个御灾应急处置工作体系。"金、银、铜"三个层级的组成人员、职责分工和工作目标各不相同。金层级的工作目标是解决"做什么"的问题,负责从战略层面总体控制突发事件或者灾害，制定行动目标和行动计划，下达命令给银层级；金层级可以调动全国范围内的一切应急资源（包括军队），由COBR决定应急资源在全国范围内的调动；因此，通常情况下金层级由中央政府相关部门的代表组成，以召开会议的形式，通过远程指挥进行总体控制。银层级的工作目标主要是解决"如何做"的问题（What、Where、When、Who、How等），属于战术层面的御灾应急管理，由事件发生地的相关部门代表组成，根据金层级下达的工作任务，把任务具体分配给铜层级。铜层级的工作主要是根据银层级下达的命令，具体实施应急处置任务，通过正确、高效地使用应急资源，最终实现应急管理的目标。

7.2.3　应急管理运行模式特点

（1）专门的应急管理组织机构

为了能够积极、充分地应对突发事件，专门的常设组织机构是非常必要的。通过设立权威性强的顶层组织机构和一整套组织机构体系，能够实现从中央到地方的管理路径通畅，高效地协调配置应急资源，是应急管理顺利实现的组织保证。虽然，在紧急事件发生后，根据紧急事件的特点，临时组建御灾应急指挥小组也不失为一种管理方法，且在应急管理的早期，世界上大多数国家均实施过此种管理模式。但是，当今社会发生的紧急事件，无论是自然灾害还是公共安全事件等其他突发事件，都具有突发性、紧急性、不可预测性和较大威胁性；这就要求政府的应急管理机构管理高效，事件发生后，要第一时间做出准确反应，迅速调度应急资源，按照事先指定的应急管理预案准确无误地应对；通过不断的成功应急管理经验的积累，又可以进一步完善和强化应急管理预案。而临时组建御灾应急指挥小组无疑大大降低了管理效率，且临时组建的管理团队，会存在诸多管理障碍和矛盾。美国设立的"联邦应急管理局"及其地方组织机构，英国设立的"突发事件计划官"及其地方组织机构，都是我国完善海洋生态灾害应急管理可以充分借鉴的有效做法。

（2）突发事件应急管理立法完善且规划性强

英国针对突发事件应急管理或者危机管理的立法持续了接近 100 年的时间,涉及全英危机应对的立法从 1920 年的《应急权利法案》,到 1948 年的《民防法案》,再到 1972 年的《地方政府法案》,再到 2004 年的《非军事应急法案》。从中央政府到地方政府都在不断完善应急管理立法,尤其是英格兰和威尔士,在不断完善应急管理立法的同时更是探索了英国大都市的城市御灾应急管理法律制度。

（3）各类社会志愿者组织发挥重要作用

英国的应急管理体制下,志愿者组织在社会事务管理中发挥了重要的作用。英国政府广泛借助民间团体、非政府组织等专业性、技能性志愿者组织,在政府决策过程中起到"智囊团"的作用。各类志愿者组织平时经常开展业务培训和实战演练,遇到突发事件往往能起到"生力军"的作用。在海洋生态灾害应急管理方面,志愿者组织还不断发起保护海洋、爱护环境的倡议,从根源上减少各类海洋生态灾害的发生。

（4）应急管理过程中实现规范化信息公开

政府的信息披露机制是应急管理过程中一项非常重要的机制。英国政府通过完善立法,或者事后承认机制,赋予政府在突发事件管理过程中拥有更多的裁量权,在很大程度上提高了政府的应急管理效率。

7.3　日本海洋灾害应急管理

7.3.1　应急管理组织

日本是我国的邻国,由北海道、本州、四国和九州四个大一点的岛屿和数千个小岛组成,是一个典型的岛国,粗略统计日本大约有 3.3 万多千米的海岸线。日本东临太平洋，属于温带海洋性气候，在每年的夏季和秋季特别容易遭受台风侵袭。日本陆地国土面积 37.8 万平方公里，人口大约 1.2772 亿（截至 2011 年 10 月），因此日本的人口密度仅次于孟加拉国，位居世界第二。日本陆地面积狭小，但是有着非常广阔的领海和非常丰富的海洋资源，日本近海有着非常丰富的海洋渔业资源及其他海洋资源。日本陆地资源中除了森林资源非常丰富外，国民经济发展所需的其他资源非常匮乏，陆地上几乎没有有色金属、铁矿石等矿产资源，也几乎没有石油和天然气资源。因此，从第二次世界大战结束后的 10 年间，日本国民经济逐步恢复，逐渐达到了二战以前的水平。国民经济的发展逐渐加大对矿产资源的需求，尤其是加大了对煤炭、石油和天然气等能源类资源的需求。鉴于陆地矿产资源的匮乏，日本从 20 世纪 60 年代便开始了近海海洋资源的开发。20 世纪 60 年代，日本开始制定海洋资源开发规划，逐步有计划地开发近海的海洋渔业，发展海洋交通运输业、海洋化工业等海洋产业；20 世纪 60—80 年代，积累了一定的海洋资源开发管理的经验后，日本不断完善海洋资源开发推进措施，鼓励民间资本投资开发海洋；20 世纪 90 年代，日本全面开展海洋资源开发活动，并且不断加大海洋科技研发的投入；进入 21 世纪，日本继续加强海洋开发科技投入，不断完善海洋技术规划，加强国际合作，日本海洋资源开发进入综合性规划开发阶段。目前滨海旅游、海洋交通运输、海洋渔业、海洋油气资源开发的产值占到海洋总产值的 70%[149-150]。

日本建立了以内阁官房为中枢的突发事件应急管理体系。通过中央应急会议决策，地方应急会议安排部署，相关牵头部门相对集中管理，日本实现了对自然灾害和突发公共安全事件的高效管理。

（1）内阁官房

内阁官房是日本政府应急管理组织体系中的中枢机构[151]。内阁官房共有 600 位工作人员，其中专门从事危机管理工作的就有 100 多人。从事危机管理的内阁官房成员均来自内阁府、防卫厅、消防厅、公安调查厅等 15 个省厅。在整个危机管理组织体系中,总理大臣是最高指挥者,组织体系负责自然灾害、事态应对、安全保障、情报安全分析以及危机管理中心运行等 22 类危机管理工作。

(2)内阁危机管理中心

1996 年 4 月日本政府成立内阁危机管理中心,该中心在内阁危机管理总监领导下直接向内阁总理大臣负责。内阁危机管理中心可以同时处理多起自然灾害和其他社会突发事件等紧急情况;具备长期、持续应对突发事件和紧急事态的能力;配备有先进的可传递音像、图片等数据资料的联网式通讯系统,可以随时召开视频会议。内阁危机管理中心官邸异常坚固,能够抵御包括地震、海啸、台风在内的高强度自然灾害。在 2011 年 3 月 11 日的日本大地震中,内阁危机管理中心发挥了极其重要的作用。目前该中心已经成为日本政府应对恐怖袭击、核事故、超强自然灾害等突发事件,进行应急管理以及做出最后决策的指挥所,图 7-5 是日本中央政府应急管理示意图。

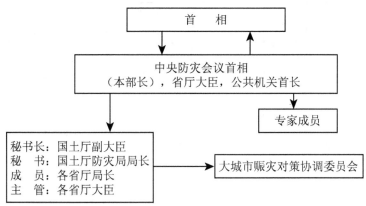

图 7-5　日本中央政府应急管理示意图[148]

自从 1995 年日本阪神大地震后,日本政府进一步加强了纵向集权御灾应急职能,构建了中央、都、市三级御灾组织管理体系。中央一级负责组织事务局、专门委员会等相关部门负责人召开中央应急会议,负责制定国家御灾基本计划和御灾业务计划;

地方一级行政长官负责组织相关部门召开地区性应急会议，制定本地区御灾计划。通过三级御灾组织管理体系的运行，使得日本能够高效地应对地震、台风、海啸等自然灾害和突发公共安全事件。图 7-6 是日本三级应急管理组织体系图。

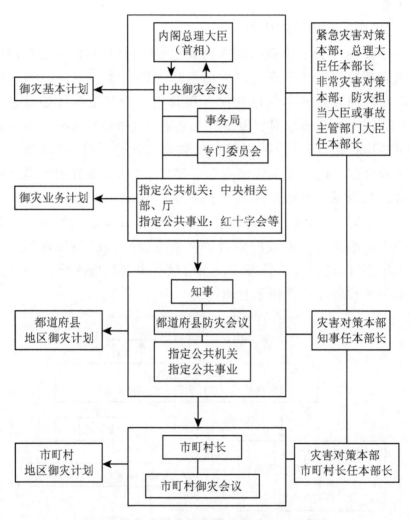

图 7-6　日本三级应急管理组织体系图[152]

（3）内阁情报中心

内阁情报中心负责收集整理国内外相关事件的情报，并把情报快速分析处理，通过建立的紧急联络通讯网把相关信息传

递给中央和地方,实现信息共享和交流。内阁情报中心的紧急
联络通讯网涵盖了中央御灾无线网、消防防灾无线网、市县街区
防灾行政无线网等多个网络系统,一旦出现灾情或者紧急情况,
该网络可以在 5min 内把相关信息传递给民众,相当于是日本的
全国危机警报系统。图 7-7 是日本的应急管理信息与情报流
程图。

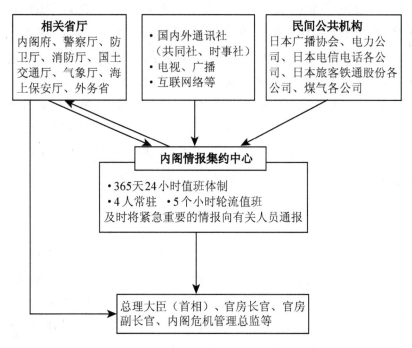

图 7-7　日本应急管理信息与情报流程图

7.3.2　应急管理运行模式

(1)全政府模式应急管理

日本是一个体制非常健全、规范的法制化国家。由于自然灾
害频发,日本在社会管理过程中,应对突发公共安全事件和自然
灾害方面,积累了非常丰富的管理经验。目前日本已经形成以首
相、内阁为核心的全政府式危机管理模式,该模式经受住了 2011

年日本大地震的考验，在应对自然灾害方面十分有效。全政府模式应急管理模式从中央到地方构建起完整的管理体系，中央管理层的核心是首相和内阁，内阁和内阁官房对首相负责，通过中央应急会议制定国家御灾基本计划和御灾业务计划，规划和指导全国范围内的危机管理工作。地方一级建立知事直管型全政府危机管理组织体系，地方行政长官负责组织相关部门召开地区性应急会议，制定本地区御灾计划，地方计划要落实中央计划的指示，不能与中央计划相矛盾。在全政府应急管理模式下，首相和地方政府权力增加，遇有地方不能有效应对的突发事件，地方政府行政长官可越级上报，以便能够迅速应对，实时救援。这样一来使得信息传递速率加快，减少了信息传递的中间环节，更加适合于应对各种突发性社会危机。另外，全政府模式应急管理改变了传统条件下由某一个或某几个部门负责危机管理的状况，充分整合利用了政府各个部门、社会组织的力量，提高了解决危机事件的效率和概率[153]。

（2）跨区域应急合作机制

阪神大地震以后，日本的 4 个州、40 多个道府县、2000 多个市町村签订互助救援协议，平时相互提供各种自然灾害的情报，构筑了联合应急基层组织。除此之外，日本地方政府的消防、警察和日本自卫队也展开区域和跨区域的协作，设置专门的联络专员，开展日常协作演练演习，提高整体的应急能力和地方政府的应急管理能力。

7.3.3　应急管理运行模式特点

（1）广域合作且独立运转的应急管理体系

从上文介绍的日本的应急管理组织体系和应急管理运行模式可以看出，在抵御地震、台风、风暴潮等自然灾害侵袭、防范恐怖袭击、爆炸、抢劫等突发公共安全事件等方面，日本建立的管理体系有着良好的广域性。从中央政府到地方政府，从自卫队到地方消防、警察,从海岸自卫队到红十字协会实现了应急管理的广域合作。中央政府是应急管理的中枢机构,地方政府接受中央政府的指令,按照指令制定本行政区域内的应急管理计划,体现了应急管理体系的独立运转性。日本的东京、大阪、神户等大都市和地方小城镇、村庄都可以融入这个管理体系,图 7-8 是东京都危机管理体制示意图[154]。从图中可以看出,在像东京这样的大都市,应急管理体系中危机管理总监是整个管理系统的中枢,下设综合防灾部;通过强化信息统一管理功能,提高灾害应对能力和强化地区合作等措施来应对自然灾害和突发公共安全事件。在这种广域合作且独立运转的应急管理体系体系下,充分调动一切可以利用的应急资源,利用社会各界的力量,提高了整体应急管理的水平。

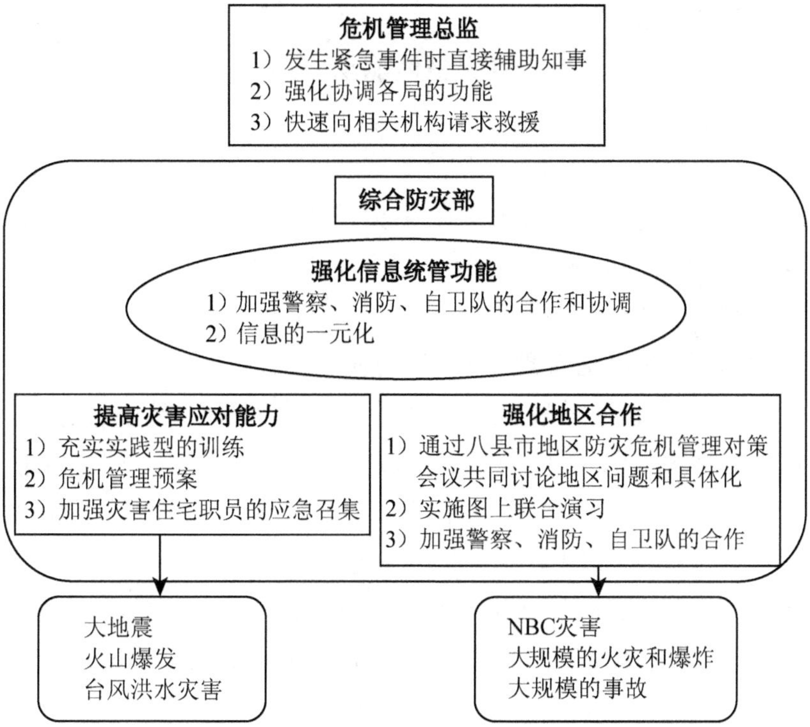

危机管理总监
1) 发生紧急事件时直接辅助知事
2) 强化协调各局的功能
3) 快速向相关机构请求救援

综合防灾部

强化信息统管功能
1) 加强警察、消防、自卫队的合作和协调
2) 信息的一元化

提高灾害应对能力
1) 充实实践型的训练
2) 危机管理预案
3) 加强灾害住宅职员的应急召集

强化地区合作
1) 通过八县市地区防灾危机管理对策会议共同讨论地区问题和具体化
2) 实施图上联合演习
3) 加强警察、消防、自卫队的合作

大地震
火山爆发
台风洪水灾害

NBC灾害
大规模的火灾和爆炸
大规模的事故

图 7-8 东京都危机管理体制示意图

（2）权威、完善的法律体系

由于特殊的地理位置和环境，日本是世界上遭受各种自然灾害侵袭最严重的国家之一，因此日本也是世界上最早制定御灾应急管理法律的国家之一。早在 1880 年日本就制定了国家《备荒储备法》，通过立法加强对洪水、火灾、暴雨等自然灾害的预防[155]；1961 年日本整合多项单一法律形成《灾害对策基本法》，这是日本御灾管理法律体系的基础；之后陆续制定的《建筑基准法》《灾害救助法》《地震保险法》《大规模地震对策特别措施法》《灾害救助慰抚金给付等有关法律》等；阪神大地震之后，日本应急管理法律体系继续完善，陆续制定了以下法律：《受灾市街地复兴特别措置法》《受灾者生活再建支持法》。健全完善的应急管理法律体系，是应急管理顺畅运行的保障，就是应急行为科学化、规范化的有力保障。

（3）充分发挥 NGO 组织主体能动作用

日本在危机管理上政府机构起到了规划、领导等主导地位的作用，而独立法人企业、非政府组织等 NGO 组织（Non-Governmental Organization）也发挥了十分明显的作用。在紧急情况下保障了民众的生命财产安全，NGO 组织是整个应急管理体系中必不可少的一部分。

（4）发达的信息管理与技术支撑

应急管理过程中最重要的就是要保障信息的畅通，信息管理和信息技术对于整个应急管理体系是至关重要的。日本在信息收集、处理、分析和传递方面的技术居于世界领先水平。中央政府层面的应急无线网络就具备卫星通信、移动通信线路和影像传输等功能，能保证通信运营商线路中断情况下及时把灾害数据信息传递到地方政府和相关方。图 7-9 是日本在紧急情况下信息处理流程。

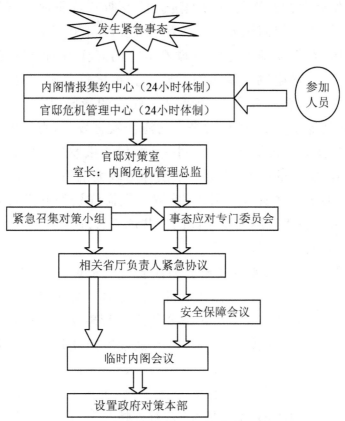

图 7-9 日本在紧急情况下信息处理流程图

7.4 俄罗斯海洋灾害应急管理

7.4.1 应急管理组织

俄罗斯是世界上领土面积最大的国家,陆地版图横跨亚洲和欧洲。巨大的版图使得俄罗斯北临北冰洋,东临太平洋,西临大西洋,西北部临波罗的海,海岸线长 37600 多千米。俄罗斯历来重视发展海洋战略,重视近海海洋资源开发。2004 年俄罗斯正式成立海洋委员会,海洋委员会主席和副主席由国内举足轻重的政要担任;海洋委员会委员由中央各个部委一把手构成,这足见俄罗斯对发展海洋经济的重视程度。俄罗斯有着非常丰富的海洋资源，近海大陆架面积大约 620 万平方公里，400 万平方公里的油气远景区；在俄罗斯的近海蕴藏着丰富的海洋石油天然气、海底金属矿藏、海洋生物资源等海洋资源。相比较美国、英国、日本，俄罗斯近海海洋灾害较少受到热带气旋的影响，因此很少有台风、风暴潮等恶劣的、破坏力极大的海洋灾害发生，海洋灾害对近海海洋资源开发的影响相对要小一些；但是俄罗斯近海极易受到寒潮、强冷空气的影响，也会产生破坏力较大的海上大风、温带风暴潮、海浪等海洋灾害。所以，俄罗斯把海洋资源开发过程中的海洋灾害应急管理纳入了全国的公共危机管理体系。

（1）公共危机管理体系

俄罗斯历来重视国家安全和社会危机管理，把自然灾害、灾难、公共安全事件均纳入公共危机管理体系。总统是公共危机管理体系的核心，联邦安全会议是公共危机管理体系的决策中枢和指挥中枢，属于常设性机构，图 7-10 是俄罗斯联邦安全会议机构设置图。在俄罗斯的公共危机管理体系中，总统的权力非常大且非常广泛，总统是国家元首和军队首领，拥有行政权和立法权。联邦安全局、国防部、紧急情况部、对外情报局、联邦边防局、外交部、联邦政府与情报署和联邦保卫局在整个公共危机管理体系中都接受联邦安全会议的领导和安排。

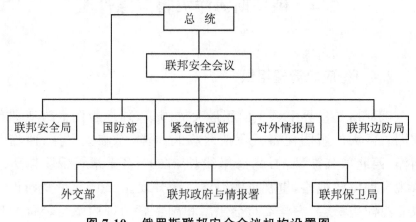

图 7-10　俄罗斯联邦安全会议机构设置图

（2）国家紧急状态部

1994 年年初俄罗斯为了应对国内各种突发安全事件、平息民族矛盾、结束社会经济动荡，建立了"民防、紧急状态和消除自然灾害后果部"，后简称为国家紧急状态部。俄罗斯国家紧急状态部主要负责自然灾害、各种突发事件、灾难等的预防和救援。从横向上看，国防部、内务部和内卫部队要协助国家紧急状态部处理和应对各种突发事件和灾难。从纵向上看，国家紧急状态部直接管辖 40 万御灾应急救援部队，并且救援部队配备全套应急救援装备；在联邦、联邦主体（州、边疆区、直辖市等）、各个城市、基层村镇四级设置了紧急状态机构垂直领导体系，构建成五级御灾应急垂直管理的模式。五级御灾应急垂直管理模式见图 7-11，通过每一级的指挥中心、信息中心、培训基地、救援队等支撑机构，保证应急管理过程中有能力发挥中枢系统的协调作用。

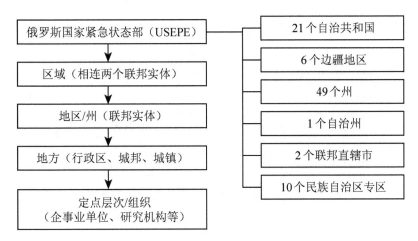

图 7-11　俄罗斯国家紧急状态部设置图

另外，俄罗斯国家紧急状态部拥有多所高等院校，如沃罗涅日消防技术学校、圣彼得堡国立消防大学等高校源源不断地为国家紧急状态部输送优秀的专业技术人才，保证了部门内人员的供应与更新，从而使得整个系统的工作效能不断加强。

7.4.2 应急管理运行模式

(1)紧急状态下政府管理运行程序

发生自然灾害、灾难或者突发公共安全事件后,马上进入紧急状态,俄罗斯总统发布进入紧急状态的命令,经过上议院(联邦委员会)和下议院(杜马)通报,最终由联邦委员会批准。上议院和下议院要仔细核查进入紧急状态的原因、地域范围、保障行动的人力物力物资等一系列细节。通过国家电视台、广播、网络等媒体传播给进入紧急状态地区的公众。图 7-12 是俄罗斯公共危机管理机制示意图。

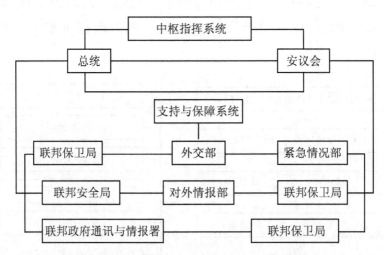

图 7-12 俄罗斯公共危机管理机制示意图[156]

(2)危机控制中心

危机控制中心是俄罗斯国家紧急状态部下设机构,主要职能是负责收集、整理各种情报信息,得到相应情报上报并且向有关部门传送。危机控制中心下设信息处理中心,信息处理中心有一整套自动收集、分类、分析、整理信息和 24 小时值班系统,信息处理后 2min 以内将相关信息传送到相应部门。当重大紧急事件发生后,危机控制中心就是危机指挥中心,通过该中心俄罗斯政府可以采取以下应急管理措施:①启动国家紧急状态系统,执行紧急状态应急预案;②启动御灾救援系统,向受灾人群提供医疗卫生帮助,展开救援;③设立应急管理中心,调配应急御灾资源,保障系统信息畅通;④派出陆地交通、航空部门参与配合御灾;⑤对媒体进行规范和控制。

7.4.3 应急管理运行模式特点

(1)应急中枢指挥系统注重权力集中

俄罗斯的公共危机管理体系中对自然灾害、公共安全事件等的管理特别注重权利集中。在应急管理体系中,总统是绝对的核心,联邦安全会议是应急管理体系的决策中枢;总统和联邦安全会议共同构成俄罗斯应急管理的中枢指挥系统。整个中枢指挥系统下设紧急情况部,是一个人员庞大、功能健全、机构复杂的组织机构,是俄罗斯社会危机管理的最高决策机构。中枢指挥系统掌管着军队、地方警察、紧急救援部队、应急物质等应急资源,能够从容应对各种自然和社会突发公共安全事件。

(2)完备的应急管理立法体系

俄罗斯在御灾管理、应急管理等方面的立法主要集中在 20 世纪的 90 年代,俄罗斯政府做了大量的调查、借鉴国外做法的工作后,结合本国的特点,依次通过了以下的法律和法案:《关于保护居民和领土免遭自然和人为灾害法》(1994 年),《事故救援机构和救援人员地位法》(1995 年),《工业危险生产安全法》(1997 年),《公民公共卫生和流行病医疗保护法案》(1999 年),《紧急状态法》(2002 年)。通过以上法律规定了公民、事故救援机构、救援人员、政府部门、生产企业等主体的权利和义务关系,构筑起应急管理法律体系[157]。

(3)全社会广泛参与

俄罗斯联邦的应急管理体系称为"预防和消除紧急情况的统一国家体系(USEPE)",该体系涵盖了俄罗斯联邦的自治共和国

(21 个)、边疆区(6 个)、州(49 个)、自治州(1 个)、联邦直辖市(2 个)、民族自治专区(10 个)共计 89 个联邦主体。在应急管理过程中,从日常备灾到预防预警、应急管理和灾后恢复等阶段,USEPE 规定了 89 个联邦主体各自的御灾职责和功能,最大限度地发挥社会力量和各个联邦主体的作用。

7.5 国际海洋灾害应急管理经验对我国的启示

7.5.1 发达国家海洋灾害应急管理运行模式共同特点

随着人类社会的不断向前发展,陆地资源已经不能满足人类社会发展的需求,海洋资源开发必将是人类社会进一步发展可以充分依赖的资源之一。目前在世界范围内,各个沿海国家都不断加大海洋开发的力度,纷纷制定了海洋资源开发规划和海洋经济发展计划;绝大多数沿海国家开发的海洋资源集中在海洋生物资源、海洋矿产资源、海洋能资源、海水及水化学资源、海洋旅游资源和海洋空间资源六大类;形成了海洋渔业、海洋油气业、海洋矿产业、海洋化工业、海洋生物医药等主要海洋产业,海洋信息服务业、海洋环境监测预报服务、海洋保险与社会保障业、海洋科学研究等海洋科研教育管理服务业,海洋农林业、海洋设备制造业、涉海建筑与安装业等海洋相关产业。开发海洋资源、发展海洋产业推动海洋经济不断发展,需要一个健康、稳定的环境。众所周知,海洋灾害是影响海洋经济发展的重要因素,世界沿海发达国家纷纷建立了保障海洋资源开发的应急管理体系,海洋灾害应急管理属于危机管理或者突发公共安全事件管理的范畴。根据上文所述,世界主要沿海发达国家在海洋灾害应急管理方面积累了非常丰富的管理经验,从海洋灾害日常管理、监测预防预警到应急管理、救援救助、灾后恢复重建等形成了非常成熟的运行模式:美国模式注重"首长领导,中央政府协调,地方政府负责";日本模式侧重于"行政首长指挥,综合机构协调,中央机构指定对策,地方政府负责实施";俄罗斯模式倾向于"国家首脑为中枢,联邦会议为平台,相关部门为主力"[158-159]。

(1)海洋灾害应急管理全方位、立体化、多层次

沿海发达国家基本建立了涵盖海洋灾害日常管理、过程管理、执法、医疗服务、科研力量、救援救助等在内的多维度、多领域的全方位综合应急管理运行模式。应急管理系统覆盖全国医疗卫生网络、国家应急行动中心、疾病监测报告中心等突发事件防范系统,形成了立体化、多层次的海洋灾害预防策略,充分利用军队、企事业单位、非盈利性组织和社会公众等社会资源,高效应对各种突发海洋灾害,降低灾害对海洋资源开发的影响和破坏。

(2)海洋灾害应急管理体系建设法制化

海洋灾害应急管理体系的高效运行需要健全的法律制度作保障,美国、日本、俄罗斯等国家均制定了海洋灾害救助、应急反应、灾后恢复重建等方面的法律。海洋灾害发生后,政府、公民、各相关组织局依据法律参与御灾。

(3)海洋灾害应急管理机构常设化

常设的海洋灾害应急管理机构是御灾管理的组织保障,美国的联邦应急管理局(FEMA)、英国的内阁紧急应变小组(COBR)、日本的内阁危机管理中心、俄罗斯的国家紧急状态部(USEPE)均是应急管理常设机构,这些机构不仅负责海洋灾害的应急管理,还负责其他自然灾害、突发公共安全事件的应急管理。常设的应急管理机构能够使得应急管理工作更加常态化、规范化,降低应急管理成本,提高管理效率。

(4)海洋灾害应急信息管理网络化、科技化

海洋灾害应急管理过程中,信息畅通是保障应急管理效果的前提条件。依据发达国家的管理经验,网络、通信、媒体是构建应急管理信息系统必不可少的组成要素,计算机技术、信息技术、航

空航天技术的发展是保障信息沟通的技术条件。通过管理信息系统能够把相关灾害信息及时传递给应急管理相关方和社会公众。另外，构建应急管理信息系统还需要建立海上大风、海浪、风暴潮等海洋灾害的数据库，并且随着应急管理经验的积累不断完善海洋灾害数据库。

7.5.2　发达国家应急管理经验给我国的启示

（1）构建以行政首长负责的多位一体的应急管理体系

根据发达国家的应急管理经验，海洋灾害应急管理关键在于建立一个权威、高效、协调的指挥系统，指挥系统是整个应急管理体系的中枢部分。通常来看，指挥系统需要最高国家领导层领导，代表了一个国家战略决策能力和危机应变能力。美国、日本、俄罗斯的中枢指挥系统，在发生突发事件的应急管理过程中都是直接向总统负责，保证了中枢指挥系统的权威性和高效性；中枢指挥系统在灾情评估、应急响应、抢险救灾、救援安置和灾后重建等环节有足够的权利协调气象、水利、地质、卫生、消防、安全生产监督、交通运输、新闻媒体等政府部门和社会行业。在当今，应急管理逐渐成为发达国家的重要政治议题，各个国家均把应急管理作为体现政府管理能力和应变能力的一个重要内容。

（2）纵向统一指挥、加强横向协作

海洋灾害应急管理体系的管理效能体现在纵横两个方面，纵向指挥系统指令的执行力和横向各相关方的协作能力。根据世界各国的实践经验，在应急管理过程中，会出现纵向指挥系统的指令层次过多和横向各相关方协作管理跨度太大的问题，要提高应急管理的效能，就必须很好地解决管理跨度和管理层次的问题。在纵向上，各发达国家一致的做法是分级管理，从中央或者联邦到地方分成三级或者四级，指挥命令经过三级或者四级就能够到达一线的作业层或者操作层；指挥系统在各层级设置垂直机构,或者充分利用地方政府的相关部门组建所需垂直机构,垂直能够在很大程度上加强指挥命令的执行力。在指挥层命令的正确性和可执行性没有任何问题的前提下,横向部门的协作主要取决于各个相关部门的协作熟练程度,因此统一管理层各个部门要不断加强相互之间的协作和协调,通过日常的演练、模拟不断提高协同作业能力。

(3)打造专业、高效的灾害救援救助队伍

灾害救援救助队伍属于专业性很强的实际操作性团队,一般是由军队、武装警察部队、消防队等专业人员组成,经过统一的学习和实际操作训练后可用于实地灾害救援救助。世界上各发达国家均有数十万甚至几十万由专业人员组成的应急救援队伍,例如俄罗斯就有40多万人组成的应急救援部队。灾害救援队伍需要高素质的专业性强的人力资源,需要配备高水平的应急救援装备,需要可靠性强的技术保障措施,可以这样说,灾害救援救助队伍的水平是一个国家人力资源、科学技术水平和综合国力的体现,至少是从侧面反映了一个国家的综合实力。要打造属于自己的专业、高效的灾害救援救助队伍,必须要从科学理论和实践应用着手,重视应急救援技术的研发和专业人才培养体系的构建,不断储备应急人才,以备不时之需。

(4)健全完善的法律体系是应急管理的保障

健全完善的法律体系是应急管理的切实保障。世界各发达国家均有非常完善的应急管理法律体系,英国在灾害应急管理方面的法律法规建设有100多年的历史,各种灾害的防御管理立法非常健全完善;日本应急管理方面的法律法规建设也有几十年的历史,有关自然灾害危机管理方面的法律法规多达227部;另外,美国和俄罗斯在20世纪90年代,自然灾害应急管理方面的法律法规就已经非常完善。健全的法律体系是应急行为的依据,是应急管理科学化、规范化的保障。通过法律规范政府部门、相关组织和社会公众的一切应灾行为是最可靠的。

7.6 本章小结

　　本章主要总结了美国、英国、日本和俄罗斯四国在海洋灾害应急管理方面的做法。通过文献研究发现,以上四国在海洋灾害应急管理组织、运行模式等方面均已经形成成熟高效的管理体系。总结了其海洋灾害应急管理的共同特点,为得出我国海洋灾害应急管理实现路径奠定基础。

第8章 我国海洋灾害应急管理实现路径

8.1 我国海洋灾害应急管理原则

美国、日本、俄罗斯等发达国家在海洋生态灾害应急管理方面的先进经验和成熟做法值得我国借鉴,同时我国又有自己的海情和国情。我国近海海域面积非常广阔,有近400万平方公里的海域;近海的渤海、黄海、东海和南海各自的自然地理条件、气候条件、海洋资源禀赋差异性很大,各海域主要的海洋灾害不尽相同;另外各海域主要海洋资源开发活动有较大差异,加之海洋灾害对不同海洋资源开发的影响和破坏程度不同,我们需要系统地慎重考虑海洋生态灾害应急管理工作。我国政府在海洋生态灾害应急管理组织模式、运行模式和应急管理对策制定方面要从我国海情、国情出发,坚持区域针对性原则、规划综合性原则、全面参与性原则和应对时效性原则。

8.1.1 区域针对性原则

我国海洋资源资源分布呈现出地域不平衡性,无论是近海的渤海、黄海、东海和南海四个海域,还是我国沿海11省、直辖市、自治区,各个海域和行政区域在海洋生物资源、海洋矿产资源、海洋能资源、海水及水化学资源、海洋旅游资源、海洋空间资源的分布上都是不平衡的。各个行政区域近海海洋资源开发程度相差很大,海洋生产总值及海洋生产总值占区域国内生产总值的比例也相差很大,表 8-1 是 2010 年我国海洋生产总值情况。这是在海洋资源开发过程中应急管理要考虑区域针对性的一方面原因,另外一方面原因来源于,我国近海海域面积广阔,受热带、亚热带、温带、亚寒带气候特点的影响,并且受到热带气旋、温带气旋、冷空气、寒潮等气象因素的影响。各种气候、气象影响因素综合作用使得我国近海各个海域的主要海洋灾害类别差异性很大,表 8-2 是 2000—2011 年我国沿海省(自治区、直辖市)主要海洋灾害情况。综合以上两个方面,我国在海洋生态灾害应急管理过程中,对于省级或者同等级别的直辖市、自治区,要根据以上两个特点,不同行政区域采取有针对性的御灾策略。表 8-3 是我国近海海洋开发区域差异性表现表。

表 8-1　2010 年我国海洋生产总值　　　　单位:亿元

地　区	海洋生产总值	第一产业	第二产业	第三产业	海洋生产总值占地区生产总值比重(%)
广东	8253.7	194.0	3920.0	4139.6	17.9
山东	7074.5	444.0	3552.2	3078.3	18.1
上海	5224.5	3.7	2059.6	3161.1	30.4
浙江	3883.5	286.7	1763.3	1833.6	14.0
福建	3682.9	317.7	1602.5	1762.7	25.0
江苏	3550.9	162.6	1927.1	1461.2	8.6
天津	3021.5	6.1	1979.7	1035.7	32.8
辽宁	2619.6	315.8	1137.1	1166.7	14.2
河北	1152.9	47.1	653.8	452.1	5.7
海南	560.0	129.9	116.6	313.5	27.1
广西	548.7	100.4	223.1	225.2	5.7
合计	39572.7	2008.0	18935.0	18629.7	16.1

表 8-2　2000—2011 年我国沿海省(自治区、直辖市)主要海洋灾害

省(自治区、直辖市)	主要灾害排序	致死亡(失踪)人数比重	致直接经济损失比重
辽宁省	海冰、风暴潮、海浪	98.19%	99.13%
河北省	海浪、风暴潮、海冰	97.03%	99.06%
天津市	风暴潮、海浪、海冰	96.36%	98.21%
山东省	风暴潮、海浪、海冰	97.32%	98.46%
江苏省	风暴潮、海浪	98.22%	96.34%
上海市	风暴潮、海浪	97.67%	97.19%
浙江省	风暴潮、海浪、赤潮	98.12%	98.52%
福建省	风暴潮、海浪、赤潮	98.19%	98.38%
广东省	风暴潮、海浪	98.34%	97.12%
广西壮族自治区	风暴潮、海浪	97.56%	97.03%
海南省	风暴潮、海浪	98.16%	97.26%

表 8-3　我国近海海洋开发区域差异性表现

地　区	2010 海洋生产总值(亿元)	主要海洋灾害	平均死亡人数(近 6 年)(人)	平均直接经济损失(近 6 年)(亿元)
广东	8253.7	风暴潮、海浪	22.33	57.22
山东	7074.5	风暴潮、海浪、海冰	1.17	13.71
上海	5224.5	风暴潮、海浪	2.83	0.06
浙江	3883.5	风暴潮、海浪、赤潮	14.67	7.93
福建	3682.9	风暴潮、海浪、赤潮	59.00	32.42
江苏	3550.9	风暴潮、海浪	12.00	0.49
天津	3021.5	风暴潮、海浪、海冰	1.50	0.43
辽宁	2619.6	风暴潮、海浪、海冰	4.50	9.74
河北	1152.9	风暴潮、海浪、海冰	2.67	1.23
海南	560.0	风暴潮、海浪	11.67	6.38
广西	548.7	风暴潮、海浪	1.83	4.33

海洋生产总值是衡量某一行政区域海洋开发程度的综合指标，指标值越大，说明该区域海洋开发程度越高；主要海洋灾害是通过分析国家海洋局历年发布的海洋灾害公报，计算各种海洋灾害造成的损失得出，这个指标是表示应急管理要面对的对象之一；平均死亡人数和平均直接经济损失灾害造成损失的具体表现。通过对表 8-3 中我国沿海 11 省、直辖市、自治区海洋开发情况对比可以得出，上海市是我国沿海海洋资源开发程度较高，并且海洋灾害应急管理做得最好的行政区域，其他 10 个行政区域都需要在海洋资源开发过程中加大海洋资源开发力度，加强海洋灾害应急管理，采取更有针对性的应急管理策略。

8.1.2 规划综合性原则

我国沿海 11 个省、市、自治区各自编制了本行政区"海洋经济发展规划"，部分沿海地级市、沿海县也编制了本行政区域的"海洋经济发展规划"。2008 年以来，我国在海洋开发领域坚持走科学规划、综合规划开发的道路，在这一时期，国务院批复了一系列国家及战略规划：《珠江三角洲地区改革发展规划纲要》(2008年)，《关于支持福建省加快建设海峡西海岸经济区的若干意见》(2009 年 5 月)，《江苏沿海地区发展规划》(2009 年 6 月)，《辽宁沿海经济带发展规划》(2009 年 7 月)，《黄河三角洲高效生态经济区发展规划》(2009 年 12 月)，《国务院关于推进海南国际旅游岛建设发展的若干意见》(2010 年初)，《长江三角洲地区区划规划》(2010 年)，《山东半岛蓝色经济区发展规划》(2011 年初)，《浙江海洋经济发展示范区规划》(2011 年 3 月)，《广东海洋经济综合试验区发展规划》(2011 年 8 月)。以上发展海洋经济的规划覆盖了我国沿海的 11 省、直辖市、自治区，体现了国家规划发展海洋经济、开发海洋资源的综合性。同样在开发海洋资源过程中，应急管理是为了保障海洋资源开发活动顺利进行，因此，各个行政区域的应急管理要结合该区域的海洋经济发展规划的特点，采取综合性强的应急管理对策。

8.1.3　全面参与性原则

海洋灾害应急管理需要中央到地方各级政府相关部门、企事业单位等组织和社会公众的广泛参与。其中政府相关部门的管理是主导,社会企事业单位既是海洋资源开发开发的主体又是海洋灾害影响和破坏的对象,社会公众是海洋资源开发活动的直接受益者和参与者。参照国外发达国家应急管理经验,政府主管部门要建立一整套完善的应急管理模式,从法律保障、专业救援救助队伍培养、先进的技术和救援装备等方面逐一完善,而且还要不断提高纵向管理执行效率,加强横向部门之间的协作。海洋资源开发相关组织和社会公众需要积极响应政府领导,使得海洋灾害对海洋资源开发的影响和破坏程度降到最低限度。

8.1.4　应对时效性原则

海洋灾害的发生和发展有一定的规律性,也存在很大的不确定性。通过现有的科学技术手段基本能够实现对海洋气象灾害的实施监测,监测结果能够在第一时间通过网络、通信和其他媒介传递给相关部门和社会公众,各相关方基本可以实现提前做好应急准备。实现应对海洋灾害的时效性,一是要通过宣传教育不断提高涉海相关人员的安全意识和自我保护意识,不断提高社会公众的防灾御灾意识。通过国家海洋局历年海洋灾害公报可以看出,越是很剧烈很严重的海洋灾害,虽然会造成很严重的直接经济损失,但是往往造成的人员死亡(失踪)数量很少,甚至是没有。这一点充分说明,重大海洋灾害能够引起人们的足够重视和关注,相反不是很严重的海洋灾害,例如海上大风和海浪灾害,往往造成的人员死亡(失踪)数量是最多的,远远大于风暴潮造成的人员死亡(失踪)数量。因此,需要不断加强涉海就业人员和社会公众的安全意识和自我保护意识。

海洋灾害发生以后,政府相关部门要在第一时间展开救援行动,启动灾害应急预案。救援部队要在第一时间赶赴灾害现场,救助受灾者、防止灾害影响进一步扩大并且使得灾害损失降到最低。

8.2 我国海洋灾害应急管理模式优化

8.2.1 我国海洋灾害应急管理模式

应急管理需要建立完善高效的管理体系,应急管理体系是一个十分庞大的社会系统工程,应急管理最根本的特点是综合性、协调性和全过程性,因此应急管理体系涉及一个国家几乎所有的行业、政府职能部门和社会公众。政府职能部门、军队、非政府组织、企业和社会公众是应急管理的主体,通过管理主体有效的管理为全社会提供公共产品,维护公共安全;应急管理的客体共有四大类:自然灾害、事故灾难、公共卫生事件、社会安全事件;另外,御灾管理属于全过程管理,包括日常管理工作、事件发生之前的预防预警、事件发生过程中的控制和事后恢复重建等阶段。

我国的应急管理体系或者说是灾害防御体系形成时间较短,经历了从部门应对单一事件或灾害到全社会综合协调的应急管理。学界普遍认为,2003 年的重大突发性事件 SARS 的爆发,考验了我国应对突发事件的能力,也是我国社会化综合应对突发事件以及应急事件应急管理实践的开始。首先,2002 年党的十六大以来,我国明显加强突发性事件的应急管理工作,先后通过《国家突发公共事件总体应急预案》、专项预案、部门预案共计 106 部,另外,还有若干企业预案;其次,我国明显加强社会预警体系和应急机制建设,全面提高政府应对突发性事件的综合能力,以政府、企业、公众为主体的御灾管理纳入经常化、法制化、科学化的轨道;最后,2007 年 8 月,我国颁布实施《突发公共事件应对法》,以该项法律为核心,联合《气象法》、《防震减灾法》、《消防法》等法律,《自然灾害救助条例》、《气象灾害防御条例》、《军队参加抢险救灾条例》等行政法规,以及《国家突发公共事件总体应急预案》、专项预案、部门预案等预案,共同构成我国应急管理法律体系,为应急管理各个阶段的工作提供了法律依据。

表 8-4　我国各种突发事件御灾管理体系[145]

类别	主管部门	应急预案	法律体系	
自然灾害	水利部; 民政部; 国土资源部; 中国地震局; 国家林业局	国家自然灾害救助应急预案; 国家地震应急预案; 国家防汛抗旱应急预案; 国家突发地质灾害应急预案; 国家处置重、特大森林火灾应急预案	气象法; 防洪法; 防震减灾法; 军队参加抢险救灾条例; 汶川地震灾后恢复重建条例; 公益事业捐赠法	中华人民共和国突发公共事件应对法
事故灾难	安监总局; 交通运输部; 铁道部; 住房和城乡建设部; 电监会	国家核应急预案; 国家突发环境事件应急预案; 国家通信保障应急预案; 国家处置城市地铁事故灾害应急预案; 国家处置电网大面积停电事故应急预案	安全生产法; 消防法; 煤炭法; 国务院关于预防煤矿生产安全事故的特别规定; 煤矿安全监查条例	
公共卫生事件	卫生部; 农业部	国家突发公共卫生事件应急预案; 国家重大食品安全事故应急预案; 国家突发重大动物疫情应急预案; 国家突发公共事件医疗卫生救援应急预案	突发公共卫生事件应急条例; 传染病防治法; 动物防疫法; 食品卫生法	
社会安全事件	公安部; 中国人民银行; 国务院新闻办; 国家粮食局; 外交部	国家粮食应急预案; 国家金融突发事件应急预案; 国家涉外突发事件应急预案	国家安全法; 中国人民银行法; 民族区域自治法; 戒严法; 行政区域边界争议处理条例	

综上所述，我国应对各种自然灾害、突发公共事件应急管理体系可归结为"一案三制"。"一案"是指应急预案体系，应急预案是事件发生后应急管理体系的起点，具有纲领和指南的作用，体现了应急管理主体的应急理念。我国的应急预案体系主要包括以下六类：一是突发公共事件总体应急预案，二是突发公共事件专项应急预案，三是突发公共事件部门应急预案，四是突发公共事件地方应急预案，五是企事业单位应急预案，六是重大活动主办单位制定的应急预案。"三制"分别是指应急组织管理体制、应急运行机制和监督保障法制。应急组织管理体制就是要建立健全集中统一领导、政令畅通、执行力高效、坚强有力的指挥机构；应急运行机制就是要建立健全监测预警机制、应急管理信息沟通机制、应急管理决策机制和协调机制；监督保障法制就是通过健全立法、严格执法，使突发性事件应急管理逐步走上法制化、规范化、制度化的轨道。表8-4是我国应急管理体系。通过表8-4可以看出，我国针对自然灾害、突发公共安全事件等实施应急管理有明显的分类管理的特点。自然灾害主要是由水利部、民政部、国土资源部、中国地震局、国家林业局等中央部门进行管理，主导自然灾害的应急管理工作；事故灾难主要是由国家安监总局、交通运输部、铁道部、住房和城乡建设部、电监会等中央部门进行管理，主导事故灾难的应急管理工作；公共卫生事件主要是由卫生部和农业部进行管理，主导公共卫生事件的应急管理工作；社会安全事件主要是由公安部、中国人民银行、国务院新闻办、国家粮食局、外交部等中央部门进行管理，主导社会安全事件的应急管理工作。我国的应急管理是政府主导下的多力量合力应对灾难的模式，有专家学者称这种模式为"拳头模式"，即中央政府、地方政府、军队、社会团体、企业、事业单位、社会公众、国际救援组织等等在政府的领导或者主导下发挥合力应对灾难。"拳头模式"表明御灾管理过程中必须有一个强有力的、权威的政府领导、指挥与组织协调，广泛调动一切可以调动的力量，快速高效地应对一切困难。

海洋生态灾害应急管理也属于我国应急管理体系中的一部分,随着近年来海洋资源开发的加剧和海洋经济的不断发展,抵御海洋灾害降低灾害损失,保障海洋资源开发的正常进行越来越重要。我国海洋灾害御灾管理主导部门是国家海洋局,2013 年 3月,第 12 届全国人民代表大会第一次会议审议通过《国务院机构改革和职能转变方案》,该方案重组国家海洋局。重组之后的国家海洋局是在原国家海洋局的基础上,合并了中国海监、公安部边防海警、农业部中国渔政、海关总署海上缉私警察四个部门,仍然隶属于国土资源部管理。重组之后的国家海洋局明显整合了原有海洋主管部门的力量,形成统一管理部门,能够更好地解决海洋开发过程中面对的问题。近海海洋资源开发过程中的应急管理也属于国家海洋局主管,国家海洋局下设 13 个局部门,海洋环境保护司、政策法规和规划司、海洋科学技术司、海洋预报减灾司以及国家海洋局下属的国家海洋信息中心、国家海洋环境预报中心;以上国家海洋局的六个部门是海洋灾害应急管理的主管部门,负责海洋灾害日常应急管理以及海洋灾害监测预测、海洋灾害应急管理,还包括海洋灾害发生后救援救助和灾后恢复重建等工作。国家海洋信息中心和海洋环境预报中心负责海洋信息的观测、监测、预报,并且定期发布海洋灾害信息和海洋环境信息。

8.2.2　我国海洋灾害应急管理模式优化

实现国民经济健康、稳定的持续发展,首先要做好防灾减灾工作,不断提升抵御自然灾害、突发公共安全事件的能力。应急管理作为防灾减灾的重要手段,涵盖了各种灾害和突发事件的日常管理工作、预防与应急准备工作、监测与预警工作、应急处置与救援工作、灾后恢复与重建工作;应急管理机制包括灾害应急机制、灾害预防机制、灾害预警机制、应急反应机制和灾害控制机制;形成了全灾种、全过程、全方位、全天候、全人员和全社会的应急管理体系。借鉴美国、德国、日本、俄罗斯等国自然灾害管理和突发公共安全事件管理的应急管理模式，结合我国现阶段海洋开发管理的国情和海情，我国在海洋生态灾害应急管理模式上还需要进一步优化。

（1）进一步提高海洋资源开发管理部门的权威性，不断优化海洋灾害应急管理机制。

美国的联邦紧急事务管理署（FEMA）、德国的联邦公民保护与灾害救助局、俄罗斯的联邦紧急情况部等都是应急管理的权威部门，这些国家不仅建立了非常完善的应急管理体系，而且赋予应急管理主管部门的权利很大，在紧急状态下主管部门都是直接向总统负责，接受总统的授权，其他相关部门要密切配合应急主管部门的工作。我国经过重组国家海洋局，也赋予其更大的应对突发事件的能力，但是要进一步提高应急管理的效率，尚需进一步优化管理机制。尤其是在遇到海洋灾害、突发情况时，应当建立更加高效、直接的管理路径，使得主管部门能够调动更多的应急资源，充分、全面地应对各种风险。

（2）加强海洋资源开发立法工作，完善海洋灾害应对法律体系。

在应对自然灾害方面，我国已经形成了较为完善的法律体系。由法律：《防洪法》《气象法》《防震减灾法》《防沙治沙法》《突发事件应对法》等；行政法规：《地质灾害防治条例》《抗旱条例》《海洋石油勘探开发环境保护管理条例》《人工影响天气管理条例》《军队参加抢险救灾条例》等；部门规章和地方性规章等组成。另外我国还制定了御灾管理应急预案，应急预案分为：总体预案、专项应急预案和部门预案；总体预案又分为国家应急总体预案、省级应急总体预案、国务院部门总体预案和国家专项总体预案。总体预案：《国家防汛抗旱应急预案》《国家突发公共事件总体应急预案》等；专项应急预案：《国家自然灾害救助应急预案》《国家地震应急预案》《国家防汛抗旱应急预案》《国家突发地质灾害应急预案》等；部门预案：《草原火灾应急预案》《赤潮灾害应急预案》《海浪、风暴潮、赤潮灾害应急预案》等。因此，我国已基本建立了较完善的自然灾害和突发事件法律体系，但是从总体上看，我国的应急管理法律体系中比较注重灾前预防,这一方面的法律法规和应急预案较多;而对于灾后恢复重建、灾后责任追究方面的法律法规较少,尤其是在海洋灾害应对方面的法律法规就更不足了。所以,我国需要进一步完善自然灾害管理立法,尤其是要完善海洋灾害应对方面的立法,切实保障海洋资源开发顺利进行。

(3)打造更加专业、高效的应急救援救助队伍。

灾害发生以后,专业高效的御灾救援救助队伍发挥着至关重要的作用。从一般的自然灾害到破坏力极大的自然灾害,从突发公共安全事件到特殊灾害或灾难,专业高效的救援救助队伍总要在第一时间赶赴事件现场,开展救援救助工作,对于降低事件损失和减少人员伤亡发挥了巨大作用。美国、俄罗斯、日本等国都有自己人数众多的专业高效的救援救助队伍,其中俄罗斯的救援救助队伍规模很大,接近50万人。我国非常需要打造一支自己的专业化程度高、应变迅速、能力出众的高效救援救助队伍。纵观以往面对的自然灾害,从1998年抗洪到2003年的抗击“非典”,再到2008年全国人民共同面对的汶川大地震,面对这些灾害或灾难,冲在抗击灾害第一线的是解放军战士,有的战士甚至付出了年轻的生命。面对灾害和灾难,我们需要解放军的钢铁意志和不屈不挠的战斗精神,但是我们更加需要专业的应灾知识、先进的技术装备、完备的专业人员配备和高效的团队协作。

(4)完善海洋灾害管理信息系统,实现更加高效、流畅的灾害信息交流。

纵观发达国家应急管理模式和我国的应急管理历程,在应急管理过程中有两个流特别重要:物质流和信息流。物质流是衡量人员、应急物质的流通效率,信息流是衡量灾害信息及其他相关信息的传递情况。要保证信息流的准确、高效传递,就必须建立完善的海洋灾害管理信息系统。美国的国家灾害应急网络、日本的内阁情报中心、俄罗斯的危机控制中心都属于专门应对自然灾害和突发公共安全事件的信息管理机构,建立有完善的管理信息系统,配备有高、精、尖、新的具备信息收集、分类、处理、分析、传递等功能的设备,并且有专业人员负责日常和紧急状态下的信息管理工作。我国也需要结合国情不断完善海洋灾害管理信息系统,从专业人员、设备设施、信息管理流程等方面进一步优化,不断提升灾害信息和管理信息的传递效率,保障紧急状态下的御灾管理工作。

(5)注重海洋科技人才培养,加强海洋科技研发,应用新技术解决应急管理过程中面临的问题。

充分利用高等院校和科研院所等优质高等教育资源,注重海洋科技、海洋管理、海洋法律等方面人才的培养。根据海洋开发的需要和海洋经济发展的需求,设立相关科研课题,充分利用海洋类优势院校和科研院所进行研究,并把相关科研成果及时转化为现实生产力,应用高新技术解决海洋开发过程中遇到的技术问题,运用先进的管理模式实现海洋资源高效开发。

8.3 我国海洋灾害应急管理路径实现

前文研究了我国近海海洋资源的分布情况、我国近海主要海洋资源的开发利用情况;分析了我国主要海洋生态灾害的时空分布规律以及灾害链的特点;然后系统分析了海洋生态灾害致灾机理。结合发达国家在海洋灾害应急管理方面的经验,从海洋灾害日常防御、御灾管理事前预测预报、海洋灾害发生事中控制和灾害之后恢复重建四个方面寻求我国海洋生态灾害应急管理路径实现。

8.3.1 海洋灾害日常防御

海洋灾害日常防御要求从中央到地方要做好一系列的防御工作。我国海岸线南北跨度非常大,导致各个沿海省份海洋灾害地域差异性明显,加之各地海洋资源开发活动差异性的重叠,在做海洋资源开发过程中的应急管理工作时就要因地制宜、因时制宜。结合前文研究内容,海洋灾害日常防御工作具体包括:不断完善、优化应急管理流程和模式,构建海洋灾害数据库,培训相关涉海行业从业人员,向社会公众宣传海洋知识,普及海洋科学知识。

(1)完善和优化海洋灾害应急管理流程和模式

2013 年 3 月,第 12 届全国人民代表大会第一次会议审议通过《国务院机构改革和职能转变方案》,重组了国家海洋局;在原国家海洋局的基础上,合并中国海监、公安部边防海警、农业部中国渔政、海关总署海上缉私警察四个部门;重组之后的国家海洋局明显整合了原有海洋主管部门的力量,基本结束"九龙治海"的几面,形成统一管理部门,能够更好地解决海洋开发过程中面对的问题。新国家海洋局是海洋开发、海洋管理的权威部门,无论是从海洋资源开发御灾管理,还是针对海洋灾害防灾减灾,权威主管部门都需要借鉴发达国家的海洋管理经验,不断完善和优化海洋灾害应急管理流程和管理模式。通过优化应急管理流程和管理模式,达到提高应急管理效率的目的。

完善和优化海洋灾害应急管理流程和管理模式是一个循环往复、螺旋式上升的过程。在这一过程中,我们要借鉴国外的成熟经验和先进做法,更要结合我国自身的国情和海情。通过计划、执行、检查、分析和调整这样的流程作为一个循环,在中央到地方的纵向路径和同一管理层级各个部门的横向路径两条路径上实施上述循环;每实施一次循环经过计划、执行、检查、分析和调整之后,都需要提高纵向和横向的管理效率、协作效率、沟通效率;每一次循环都是一个提高的过程。

(2)开放完善的海洋灾害数据库

要做好海洋资源开发过程中的御灾管理工作,必须根据现在我国近海海洋资源开发的格局、海域利用类型等的不同,综合考虑主要海洋灾害的分布之后,得到国家层面上的应急管理策略。国家海洋局已经建立了海洋灾害数据库,为了能够更好地应对海洋灾害,我们需要一个更加开放、完善、共享的数据平台。特别是在海洋资源开发活动日益普遍,海洋开发日益深入的今天,我们需要考虑海洋灾害对每一类海洋资源开发活动、每一类海洋产业的影响情况。目前,国家海洋局的海洋灾害数据库还很难做到这一点,不用说是社会公众,就是高等院校、科研院所也很难得到第一手的实测海况资料。这不利于海洋灾害防御,也不利于海洋资源开发活动的开展。

(3)海洋灾害应急管理需要因地制宜、因时制宜

海洋灾害应急管理因地制宜、因时制宜是要求我国沿海的各省、直辖市、自治区在充分落实国家海洋管理统一的政策、命令、措施的情况下,结合本行政区域海洋灾害的特点和海洋资源开发的特点,真正做到管理对策、御灾策略因地制宜、因时制宜。表 8-5 统计了我国沿海地区百亿元海洋生产总值死亡率情况,表 8-6 统计了我国沿海地区直接经济损失占海洋生产总值的百分比情况,根据这两个表,结合我国沿海 11 省、自治区、直辖市的实际情况,主要在减少直接经济损失和降低百亿元产值死亡率两个方面采取针对性的措施,保障海洋资源开发更加顺畅地进行。

表 8-5　我国沿海地区百亿元海洋生产总值死亡率

地　区	2010 海洋生产总值(亿元)	百亿元产值死亡率
广东	8253.7	0.2705
山东	7074.5	0.0165
上海	5224.5	0.0542
浙江	3883.5	0.3778
福建	3682.9	1.6020
江苏	3550.9	0.3379
天津	3021.5	0.0496
辽宁	2619.6	0.1718
河北	1152.9	0.2316
海南	560.0	2.0839
广西	548.7	0.3335

表8-6　我国沿海地区直接经济损失占海洋生产总值的百分比

地　　区	2010海洋生产总值（亿元）	直接经济损失百分比（%）
广东	8253.7	0.6933
山东	7074.5	0.1862
上海	5224.5	0.0011
浙江	3883.5	0.2042
福建	3682.9	0.8803
江苏	3550.9	0.0138
天津	3021.5	0.0142
辽宁	2619.6	0.3718
河北	1152.9	0.1067
海南	560.0	1.1393
广西	548.7	0.7891

　　其中,海南省的问题最为突出,海南是海洋生产总值几乎最低,百亿元海洋产值死亡率最高,且直接经济损失占海洋生产总值比例最高的省份。所以,海南省需要结合自身特点,不断加大海洋资源开发的广度和深度,同时要做好御灾管理工作,通过采取针对性的措施,不断降低百亿元海洋产值死亡率和直接经济损失占海洋生产总值比例。福建省主要是降低百亿元海洋产值死亡率和直接经济损失占海洋生产总值比例。广西壮族自治区是我国沿海海洋生产总值最低,百亿元海洋产值死亡率较高,且直接经济损失占海洋生产总值比例较高的省份,采取的管理对策主要是结合自身特点,不断加大海洋资源开发的广度和深度,同时要做好御灾管理工作,通过采取针对性的措施,不断降低百亿元海洋产值死亡率和直接经济损失占海洋生产总值比例。浙江、江苏、广东、山东四省海洋开发利用程度较高,主要是需要不断降低百亿元海洋产值死亡率和直接经济损失占海洋生产总值比例,巩固海洋开发的成果。辽宁、河北两省需要采取综合性措施,一方面不断加大海洋开发的力度,另一方面不断降低海洋灾害造成的

损失。上海、天津两个直辖市在海洋开发、御灾管理两个方面做得都比较好，不仅发挥了自身的区位优势、海洋资源禀赋，使得海洋生产总值较高；而且百亿元海洋产值死亡率和直接经济损失占海洋生产总值比例都很低，保证了海洋经济发展成果得到巩固。

(4)加大宣传、教育培训力度和普及程度

不断加大对海洋渔业、海洋油气业、海洋电力业、海洋船舶工业、海洋工程建筑业、海洋交通运输业等主要海洋产业，海洋信息服务业、海洋环境监测预报服务、海洋地质勘察业等海洋科研教育管理服务业，以及海洋相关产业中在海洋环境现场工作，或者环境暴露程度较高的作业人员的教育培训。通过职业教育、宣传、培训，不断提高以上涉海作业人员的安全意识和自我保护意识。另外，利用各种媒体、报纸、刊物等，普及海洋基础知识，做好海洋科普宣传，不断提高社会公众的海洋意识。

8.3.2 应急管理事前预测预报

(1)高效准确的海洋灾害预测预报预警体系

我国近海主要海洋灾害是风暴潮、海浪、海上大风，其中风暴潮是造成我国海洋经济损失最大的海洋灾害；海浪是造成我国人员死亡(失踪)最多的海洋灾害；海上大风是引发风暴潮、海浪等海洋气象灾害的根源。另外，有些年份北方海域的海冰灾害也不容忽视，像2012年12月份到2013年2月下旬，渤海和北黄海的海冰灾害是近25年来最严重的。所以，海洋灾害预测、预报和预警主要是对以上海洋灾害。通过气象卫星对各种海洋灾害实施实时监测，不断反馈实时数据，然后通过对数据处理得到结果，完成准确的预测和预报。另外，利用先进的设备和技术，在海洋灾害发生前做好海洋灾害的预警工作。

(2)运用多种媒介，提高信息传递效率

充分利用电视、广播、网络、通信等媒介和渠道，及时发布即将发生海洋灾害的时间、地点、强度等重要信息，并提醒相关海洋资源开发活动的从业人员需要做的御灾管理工作。从目前来看，我国在灾前御灾信息发布、预警信息发布方面，发布的准确程度、发布效率还有待于进一步提高。

（3）动员近海海洋资源开发相关人员做好应急准备

海洋渔业、海洋油气业、海洋电力业、海洋船舶工业、海洋工程建筑业、海洋交通运输业等主要海洋产业，海洋信息服务业、海洋环境监测预报服务、海洋地质勘察业等海洋科研教育管理服务业的相关单位和从业人员，在接到相关预警信息、灾害信息后，要结合自身的情况，切实做好应对即将到来的海洋灾害准备。涉海行业的从业人员要从思想上、心理上充分重视，切记不可掉以轻心；政府主管部门要及时做好企业和从业人员的思想工作。

（4）做好近海海洋资源开发现场的应急管理工作

海洋渔业、海洋油气业、海洋电力业、海洋船舶工业、海洋工程建筑业、海洋交通运输业等主要海洋产业，海洋信息服务业、海洋环境监测预报服务、海洋地质勘察业等海洋科研教育管理服务业的工作现场要做好充分的御灾准备工作。根据海洋灾害发生的时间、地点和强度等情况，做好现场的防御工作，如有必要，需转移相关海洋资源开发机械设备和相关作业人员，确保万无一失。

8.3.3　应急管理事中控制

（1）迅速控制灾情，防止灾害进一步扩大

我国主要海洋灾害发生后持续时间一般都不长，大多数情况是灾害持续时间在数十分钟到百余小时，所以说从海洋灾害发生到结束时间较短。表 8-7 介绍了我国主要海洋灾害的时空基本特征。基于这样的灾害特征，海洋灾害发生过程中，政府相关部门要立即按照预案展开应对。在事前预防的基础上，针对出现的突发问题和状况，马上采取有针对性的应对措施。海洋灾害发生过程中，采取应对措施或者实施应急预案都要根据灾况，在充分保证作业人员安全的条件下，稳妥地按照预案进行。

表 8-7　我国近海主要海洋灾害的特征

灾害类型	衡量尺度		发生频率和特点
	时间尺度	空间尺度	
台风风暴潮	数十分钟至数十小时	数十至千余千米	显著灾害每年 2.46 次，严重和特大灾害 2～3 年一次
温带风暴潮	数十分钟至数十小时	数十至千余千米	显著灾害每年 1.29 次，严重灾害 15～20 年一次
海浪	数小时至数十、百余小时	数百至千余千米	1990—2010 年造成显著损失灾害 113 次，严重、特大海难事故 20 余次

（2）迅速高效的救援救助

前文已经阐述了建立专业、高效救援救助队伍的重要性。灾害发生以后，救援救助队伍需要在第一时间进入灾害现场，按照预案或者计划开展救援救助工作。救援救助队伍必须由专业人员组成，救助队员必须事先经过严格的选拔和培训，考核合格后方可进行相关工作；救援救助队伍需要配备先进的、专业装备，应用先进的技术手段展开救援救助。在异常严峻、恶劣的条件下，救援救助队伍还负责和外界保持联系，及时传递相关灾害信息。我国在迅速高效的救援救助方面还有较大的提升空间。

（3）应急物资及时、准确的供应

灾害发生后，用于应急救援的食品、药品、消毒卫生用品等生活用品，需要按照应急预案通过海运、陆运和空运等多种途径及时运抵灾害现场。应急物资起到保障灾区人民群众和相关人员的正常生活、保证他们生命财产安全的作用，必须及时、足量供应。

（4）防止次生灾害的发生

一般来说，重大灾害、特别重大灾害或者罕见特别重大灾害发生以后，往往会改变孕灾环境和承灾体的物理特性，导致次生灾害的发生。因此，重大及以上等级的海洋灾害发生以后，相关管理部门需要预防海洋资源开发设施的坍塌、山体滑坡、泥石流等次生灾害。另外,在应急管理过程中,也需要时刻预防次生灾害带来的危害。

8.3.4　应急管理事后处置

(1)尽快恢复海洋资源开发活动

海洋灾害发生往往使得海洋资源开发现场遭受不同程度的破坏和损坏,灾害过后在能够充分保证作业人员安全的前提下,需要安排作业人员清理现场,在清理过程中作业人员需要注意人身安全,同时要避免再次造成损失或者破坏环境。现场清理完成后,查看生产设施、生活设施是否遭到了破坏,如果破坏情况出现,需要修整恢复后才能使用;还需要调试相关机械设备运转,运转正常后方可按照计划进行生产。一般来说,海洋渔业、海洋油气业、海洋电力业、海洋船舶工业、海洋工程建筑业、海洋交通运输业等主要海洋产业,海洋信息服务业、海洋环境监测预报服务、海洋地质勘察业等海洋科研教育管理服务业的工作现场遭受海洋灾害破坏后,恢复到正常生产所需时间有一定的差异性。尤其像海洋油气开采、海洋工程施工等恢复生产需要的时间较长,但是一定要达到正常生产所需的条件后才能开工。

(2)相关涉海作业人员交流应急管理经验

每次海洋灾害成功应对以后,作为政府、企业和其他相关组织的管理都需要及时总结海洋灾害应急管理工程中成熟的做法和不足之处。每次灾害是对相关方御灾能力的一次检验,作为管理者要及时发现御灾过程中的不足,通过修改应急预案或者采取其他相关措施来弥补。这样一来每次海洋灾害以后,相关方的御灾能力就会有一定程度的提高,经过长期应急管理经验的积累,最终达到海洋灾害过程中"零伤亡",甚至达到"零损失"的目标。

(3)不断总结完善提高

海洋渔业、海洋油气业、海洋电力业、海洋船舶工业、海洋工程建筑业、海洋交通运输业等主要海洋产业,海洋信息服务业、海洋环境监测预报服务、海洋地质勘察业等海洋科研教育管理服务业，以及海洋相关产业都有各自产业的特点。在御灾日常管理过程中，每个行业中的企业按照各级政府的要求制定本企业的应急管理、应急救援预案，并组织定期演练。但是真正应对海洋灾害的时候，仍然会遇到很多问题。应急管理需要严谨、准确的科学知识作为支撑，同时也需要丰富、广博的实践经验作为指导。这两方面在应急管理过程中缺一不可，一个良好的应急管理者需要既有全面的科学知识又有丰富的实践经验。另外，同一产业的政府管理部门，要经常性组织产业内的企业交流应急管理经验，使得各个企业在学习和实践中不断提升驾驭灾害的能力。

8.4　本章小结

在借鉴美国、英国、日本和俄罗斯四国海洋灾害应急管理方面成熟经验的基础上，以区域针对性、规划综合性、全面参与性和应对时效性为原则得出我国海洋灾害应急管理模式，并对其进行优化。从海洋灾害日常预防、事前预测预报、事中控制和事后处置四个方面实现海洋灾害应急管理。

第9章　海洋生态灾害应急机制运行的制度需求分析——以山东省为例

海洋生态灾害给海洋渔业和滨海旅游业等主要海洋产业带来直接经济损失,公众因食用污染的海产品或接触到污染的海水,都会威胁到身体健康及生命安全,严重影响社会的稳定。

9.1　海洋生态灾害应急机制存在的制度问题

为有效降低海洋生态灾害给沿海地区经济社会带来的不利影响,保障公民正常的生产生活性活动,当前已初步建立了"一案三制"的海洋生态灾害应急管理体系。其中,海洋生态灾害应急管理预案是前提,海洋生态灾害应急管理体制是基础,海洋生态灾害应急管理机制是关键,海洋生态灾害应急管理法制是保障。按照海洋生态灾害发生事前、事中、事后的全过程为主线,可将海洋生态灾害应急管理机制界定为:海洋生态灾害预案与应急准备、监测与预警、应急处置与救援、灾后恢复与重建及在灾害发生全过程中各种制度化、程序化的海洋生态灾害应急管理方法与措施[160]。

虽然以"一案三制"为核心的应急管理体系取得了长足的进展,但是与应急管理现实的强烈需求相比,应急管理机制建设工作仍然比较落后,还存在各种深层次的问题。其中最核心的问题,是传统的应急管理运行机制仍以传统分割型的部门职能为基础,尚未形成以业务为主干的工作模式。海洋生态灾害应急管理机制在实际运行中存在的主要问题包括以下几个方面。

9.1.1　海洋生态灾害应急机制制度不完备

按照党中央、国务院的决策部署，全国的突发公共事件应急预案编制工作从 2003 年开始有条不紊地展开。2007 年《中华人民共和国突发事件应对法》的实施标志着突发事件应对工作全面纳入法制化轨道。我国的海洋生态灾害应急预案制度法制化相对来说起步较晚，海洋生态灾害应急管理法律体系还不够成熟，同时由于海洋生态灾害的发生发展本身具有的突发性、不可预测性和复杂性，使得现有关于海洋生态灾害应急的法律法规以及根据法律法规所制定的海洋生态灾害应急预案很难兼顾全局，在实际中难以发挥作用，针对特定海洋灾害的专门性应急预案更加缺乏，以至于在面对具体问题的时候还是没有具体的操作规程可以遵循，严重影响灾害发生时及时有效地应对灾害的能力。

此外，在已经制定的海洋生态灾害应急预案中，有的是由部门规章或者规范性文件确立的，规范性不强、法律效力也有限，难以在海洋生态灾害来临时最大限度地协调各方、调度资源，降低灾害带来的人力物力财力损失。加之海洋生态灾害应急预案是一个系统性工程，灾害的发生涉及多个部门、机构、民间组织和志愿者等多种主体，难以全面详细地明确规定各级政府、各相关负责单位、机构、组织应采取的应急措施，具体措施的可操作性不强，容易造成部门间分工不明确，职责重复，部门间无法充分利用本部门优势，在现实面临海洋生态灾害的时候容易产生相互推诿的现象。即使明确了各部门、机构的职责，但是在面临实际海洋生态灾害问题的时候，各部门间仍由于沟通障碍和各类突发状况存在无法快速整合信息资源相互协调、相互合作、及时应对突发性海洋生态灾害。

9.1.2　海洋生态灾害应急机制概念不规范

我国目前虽然确定了应急管理的四个阶段,但目前对应急管理各项具体工作机制的再造和规范工作才刚开始起步。因此,有关应急管理机制建设的具体内涵、工作原则和建设目标,只有原则性和综合性的规定,尚缺乏具体明确的指导性意见。由于我国应急管理体系建设刚刚起步,时间经验和理论积累都比较有限,同时受体制、文化和环境等因素的制约,国外的成果和经验很难直接应用到我国应急管理实践中[161]。因此,不管理论界还是实务部门,目前对"应急管理机制"、"应急管理体制"和"应急管理体系"等相关的基本概念和问题还存在模糊甚至分歧之处,致使在研究和实践中往往混为一谈,在很多场合被不予区分地互相替换使用,给应急管理体系建设理论研究和实务操作带来很大困难。

9.1.3　海洋生态灾害应急机制模式不合理

应急管理流程设计最重要的特点是系统性,致力于提高整体流程的效率。与传统的基于职能的政府组织相比,应急管理系统是一个以业务流程为主干的扁平化的组织。在该组织中,流程团队取代了传统的职能部门,以首尾相接的整合性流程来代替碎片式的割裂性职能实体。现阶段"分类别、分部门"的应急管理模式,导致各部门之间在应急管理中的分工协作关系不够明确,经常出现部门分割,职责交叉、管理脱节、低水平重复建设等现象,减缓了信息传递的速度,增加了管理费用和管理成本,不利于资源整合和快速反应能力的提高。

9.1.4　海洋生态灾害应急机制设计不科学

紧急状况瞬息万变,各种不确定因素错综复杂,管理者和实际操作者必须根据不断变化的外部环境进行灵活应对。因此,科学的应急管理机制设计,必须实现稳定性和适应性之间的动态平衡,提高操作性,做到以不变应万变。现阶段,应急管理的指挥决策权过度集中于领导或上级部门,下级部门和基层单位处于被动反应,甚至可能产生依赖和等待上级指令的情形,这使得上下级均陷入管理困境。这种制度设计可能导致上级有关部门和领导忙于信息报送,同时地方出于对严厉问责的担心而可能选择迟报、漏报和瞒报。

9.1.5 海洋生态灾害应急机制制度化不足

标准化的应急管理机制以完善的应急预案和应急管理法律体系为依托,具有很强的制度化、规范化、程序化的特征。目前海洋生态灾害应急机制的规范化和制度化不足,实践中存在过度依靠领导者个人经验与能力致使各种规章制度流于形式的现象。目前,应急预案框架体系初步建立,但因预案内容过于笼统,对实际应急管理工作的指导作用还比较有限。另外,海洋生态灾害应急管理法律体系建设的时间也较短,对应急管理机制的规范和保障作用也尚未完全体现。因此,在应急管理实践中,我国还比较习惯传统的领导者个人临时决策模式,过度依靠个人经验和能力,导致应急管理机制在设计和运行中都在一定程度上流于形式,权威性不够,标准化、规范化、制度化不足,对应急管理实际工作所发挥的作用比较有限。

针对海洋生态灾害应急机制在实际运行中存在的客观问题,有必要制定相应应急制度,使灾害应急机制在面临实际灾害时最大程度地发挥作用,减小灾害造成的经济社会损失。良好的海洋生态灾害应急处理机制可以使海洋生态系统接近于一个自适应系统,在外部条件发生不确定变化时,能自动地迅速作出反应,调整原定的策略和措施,实现优化目标。

9.2　海洋生态灾害应急机制的制度需求内容

诺斯认为"制度是个社会的游戏规则,更规范的讲,它们是为人们的相互关系而人为设定的一些制约",他将制度分为三种类型,即正式规则、非正式规则和这些规则的执行机制。正式规则又称正式制度,是指政府或统治者等按照一定的目的和程序有意识创造的一系列的政治、经济规则及契约等法律法规,以及由这些规则构成的社会的等级结构,包括从宪法到成文法与普通法,再到明细的规则和个别契约等,它们共同构成人们行为的激励和约束;非正式规则是人们在长期实践中无意识形成的,具有持久的生命力,并构成世代相传的文化的一部分,包括价值信念、伦理规范、道德观念、风俗习惯及意识形态等因素;执行机制是为了确保上述规则得以执行的相关制度安排,它是制度安排中的关键一环。这三部分构成完整的制度内涵,是一个不可分割的整体[162]。制度一般体现着社会的价值,其运行表彰着一个社会的秩序,规范、影响被约束人的行为。所以,应该根据制度经济学及海洋生态灾害应急流程的特点,制定海洋生态灾害应急机制的制度需求内容。

9.2.1　海洋生态灾害预防与准备制度

灾害经济学中的"十分之一"法则说明在灾前投入一分资金用于灾害的准备和预防,可以降低十分的损失。英国著名危机管理专家迈克尔·里杰斯特有句名言:"预防是解决危机最好的方法"。然而,现实生活中,应急预防和应急准备又是最容易被轻视、被忽略的方面。因此,完善山东半岛海洋灾害应急管理机制的首要环节是加强应急预防和准备工作,做好日常应急准备。加强海洋灾害的预防工作,必须强化灾害综合保障工作、应急物流体系建设、宣传教育工作、预案演练工作。具体包括：

第一，完善山东半岛应急物流体系。具体包括海洋生态灾害应急物流保障机制（政策法规保障）、海洋生态灾害应急物资储备中心（物资保障）、海洋生态灾害应急物流指挥中心（指挥保障）、海洋生态灾害应急物流技术支持平台（技术保障）、海洋生态灾害应急物流中心（运输保障）。

第二，完善山东半岛海洋灾害应急的教育与培训。充分发挥群众、企事业单位、非政府组织、志愿者的作用，在全社会大力开展海洋生态灾害应急志愿队伍的培训和组织工作，构建政府与社会协同的多元救灾应急体系。

第三，完善山东半岛海洋生态灾害应急预案的演练。在专家论证的基础上，组织应急预案的演练和演习，检验应急预案是否能有效地付诸实施，验证预案的实用性，找出预案在实际应用中的不足并加以改进，以提高应急管理组织和人员的工作能力、促进应急管理组织和人员熟悉岗位任务，在应急处置时更好地履行职责，组织和锻炼当地民众，帮助群众克服灾害恐惧心理，增强其应对和处置灾害的能力。

9.2.2　海洋生态灾害监测与预警制度

完善山东半岛蓝色经济区的海洋生态灾害监测与预警制度。具体包括建立成熟的海洋生态灾害监测信息系统、信息分析系统、信息共享系统，以提升海洋生态危机应对水平，把海洋生态灾害消除在萌芽状态。

随着科技的进步和海洋资源环境的日益变化，利用多平台传感技术、多平台遥感技术、数据实时通信技术、关系型分布式数据库管理技术、网络化数据处理与信息产品开发技术、规范化数据共享与信息服务技术，建立各类业务化海洋监测和信息分析系统奠定技术和物质基础。

建立山东半岛蓝色经济区专门的应急信息管理机构，承担危险源或应急处置信息的搜集、传递及评估工作,并依托国家及地方应急平台的建设,构建一个集成环境保护系统、气候监控系统、水文水质监测系统和船舶监测系统等信息统一的海洋生态灾害信息共享系统,实现各应急机构和组织之间的海洋生态灾害信息共享的良性循环。

9.2.3　海洋生态灾害处置和救援制度

海洋生态灾害应急处置是指在海洋生态灾害爆发后,管理者迅速回应危机、舒缓压力、把灾害稳定在一定水平上的一系列管理活动的总和。应急管理机构如果在灾害发生初期反应迟滞,则必然会造成灾情的蔓延和扩大;在灾害发生初期反应越迅速,就越使自己处于主动地位。

山东半岛蓝色经济区的海洋生态灾害应急处置和救援制度关键是建立并完善快速反应机制,即解决快速应对危机事件时各级政府部门职责不清、不敢决策或胡乱决策的局面。为此,需要在组建由省政府直接领导的,统一指挥、协调现有相关部门和各地方处理应急事务机构。此机构制定和执行强制性的应急处理政策;在各级政府之间合理划分应急管理权限,基层政府间明确职责划分和部门间协调配合。

建立山东半岛蓝色经济区的海洋生态灾害持续救援制度。在准确评估灾害情况,以专门的应急机构为核心开展应急管理工作,畅通信息发布渠道,及时控制局面的基础上迅速启动相应等级的灾害应急预案。在完善灾害持续救援方面,启动包括问题确认(准确判断危机问题性质)—目标排序(排出决策目标的优先顺序)—方案选择(根据实际情况选择最优方案)的实施决策程序,并建立统一领导和分级负责、集中指挥和属地管理、日常办事和应急响应、专业抢险和群众自救互救、善后处理和恢复重建有机结合、整体运作相结合的全方位持续救援制度。

9.2.4 海洋生态灾害恢复与重建制度

海洋灾害会带来各种各样的社会后遗症,严重影响灾区民众的生理健康、社会行为和心理活动,做好灾害善后工作有助于使灾区经济、社会秩序尽快恢复到正常状态,使受灾民众恢复生理和心理健康,重新投入到日常生产、生活中去,也有助于恢复公众对政府的信心,重新提升政府的形象。

山东半岛蓝色经济区海洋生态灾害灾后恢复重建需要按照"以人为本"的原则,认真做好转移群众、受灾群众的安置补偿工作,及时做好疫病防治和环境污染消除工作;组织群众积极自救互救、互帮互助;科学制定重建计划,落实重建责任;下拨灾民生活应急资金,解决灾民生活问题,减轻灾害损失;尽快恢复社会秩序,严厉打击灾害过程中和灾后的犯罪行为,保护在区民众生命财产安全。

每一次海洋生态灾害都是一次学习和改进的机会,在灾后恢复阶段,通过对事件、行为、结果、资源、体制、机制等各个方面的评估,以及对组织、部门和个人工作总结与建议,查找问题,修补漏洞,改进应急管理工作,提升应急管理能力。此外需要严格开展责任追究工作,一旦在工作中出现敷衍塞责、玩忽职守的情况,将依据相关法律规章进行严肃处理并通过各种权威媒体向公众进行灾后信息披露,听取民众的反应,便于公众了解事件真相、避免误信谣传引起恐慌、稳定人心。

9.3　本章小结

本章主要论述了山东半岛蓝色经济区海洋生态灾害应急机制运行的制度需求分析。首先分析了海洋生态灾害应急机制制度存在的问题;然后在问题的基础上提出了海洋生态灾害运行机制的制度需求。具体包括海洋生态灾害应急预防与应急准备制度、海洋生态灾害监测与预警制度、海洋生态灾害应急处置和救援制度、海洋生态灾害灾后恢复重建制度等。只有完善的制度才能保证海洋生态应急过程中有序不紊和高效率的运作。

第 10 章　海洋生态灾害应急方案的实施 对策——以山东省为例

　　海洋生态灾害的发生机理虽然比较复杂,但现在信息和网络技术、生物学技术、化学技术以及数学的发展,为防灾减灾提供了技术支持。另外,管理水平的提高和现代信息技术相结合,改变传统应急机制模式,构建一个高效的现代应急管理模式,组织和协调一切可利用资源来应对海洋生态灾害造成的危害,根据海洋生态灾害发生的周期性,山东半岛蓝色经济区应对灾害的对策包括以下几点。

10.1　海洋生态灾害发生前实施对策

10.1.1　建立海洋生态灾害应急预防机制

　　山东省赤潮、绿潮和溢油等海洋灾害应以预防为主,科学划分各类海洋灾害易发区,建立科学、合理、可行的海洋环境灾害监测和评估体系,对各海域进行有针对性的海洋环境治理,合理规划海洋开发区,严格控制沿海地区社会经济活动对海洋环境带来的污染与破坏,加大对海洋环境保护的投入,加强海洋生态保护区建设,完善海洋生态补偿机制,对灾害发生频率较高的日照海域、青岛海域、烟台海域和渤海湾海域加大环境修复力度,提高海洋生态系统的整体自我调整和恢复能力,改善海水环境质量,提高生物群落健康指数,保护生物多样性,在发展海洋经济的过程中对海洋资源进行保护性开发,实现可持续的科学发展,实现海洋生态系统的健康稳定,进而有效减少赤潮、绿潮和溢油等海洋灾害的发生频率,完善灾害控制的长效机制[163]。

10.1.2　建立海洋生态灾害预警预报系统

(1)灾害信息监测系统

山东半岛要建立省—市—县三级海洋观测和预警业务体系。完善海洋生态灾害资料信息实时收集系统,加强各海域观测站建设,完善海洋观测网络,形成由卫星接收、雷达、有人值守海洋站和自动观测站组成的观测系统,有效提高观测密度、频次和时空分辨率,为提高海洋预报的准确率打下坚实的基础。同时,利用现代卫星通讯技术和计算机网络技术,把海洋灾害信息及时、迅速地集中到海洋生态灾害分析预报机构。

(2)灾害信息分析评估系统

建立山东半岛科学有效的海洋灾害分析预测系统,成立专家组,引进国际先进的现代海洋灾害分析预测技术和设备,使海洋灾害分析预报机构能够更加及时准确地对各项海洋观测数据进行分析,从而对各类海洋灾害进行客观准确的预测、评估和预报。

(3)预警信息传递与公布系统

创建山东半岛“多位一体”的信息传播服务模式,第一时间将海洋灾害预警信息进行公布和传递,将各类信息传播方式广泛纳入整体应急方案中,保证灾害信息能够迅速上传下达。具体措施包括:建设和完善专门的、便于公众查询的无线网络和电话询问系统;通过电视、广播、报刊、互联网等多渠道、覆盖广泛的信息发布体系发布海洋观测数据和灾害预警信息;通过全省渔船安全救助平台、信息集成与发布平台、电子公告牌、户外高频喇叭等直接向管理部门、涉海用海单位和社会公众发布海洋灾害预警信息[164]。

10.1.3 建立海洋生态灾害应急管理体系

（1）应急指挥体系

按照区域管理、属地负责原则，建立蓝色经济区各级赤潮、绿潮、溢油灾害应急指挥部，协调各海洋灾害应急机构，并按照国家防灾减灾工作实行人民政府行政首长负责制、分级负责制、部门责任制、技术人员责任制和岗位责任制的总体要求，进一步强化职责、明确分工，各司其职，形成符合山东海洋防灾减灾工作实际需要的海洋灾害组织指挥体系。

省级政府主要负责制定适合该省范围内海洋灾害应急方针、政策及其防御和行动计划及纲领，协调跨地市的海洋灾害应急措施和化解危机；必要时支援和帮助各地市及时处理重大海洋灾害；必要时可请求国家的支援和帮助[165]。

市级政府主要负责制定适合该地市范围内海洋灾害应急方针、政策及其防御和行动计划及纲领，处理和服务在该市范围内跨越数个县区的海洋灾害应急措施和化解危机；必要时支援和帮助各县及时处理重大海洋灾害；必要时可请求省政府的支援和帮助。

县级政府主要负责制定适合该地市范围内海洋灾害应急方针、政策及其防御和行动计划及纲领，处理和服务在该县范围内跨越数个乡镇的海洋灾害和化解危机，必要时支援和帮助各乡镇及时处理重大海洋灾害，必要时可请求市政府的支援和帮助。

乡级政府主要负责处理和服务当地海洋灾害案的应急措施和化解危机；必要时可请求上级政府的支援和帮助。

各级政府及有关部门须根据本地区、本部门的具体实施情况，对各类海洋防灾减灾应急预案进行修订（或制定）和完善，保证海洋灾害发生时应急管理工作能够及时、有序、有效开展，省、市、县各级政府编制的海洋灾害应急预案应该包括：应急处理指挥部的组成和相关部门的职责，军事反应部队的组成、任命和训练,信息收集、分析、报告与通报,应急监测机构及其任务;突发环保灾害事件的分级和应急处理工作方案,突发环保灾害事件预防、现场控制,应急设施、设备、救治药品和医疗器械以及其他物资和技术的储备与调度,突发事件应急处理专业队伍的建设和培训等。通过编制、发布和宣传各类海洋灾害应急预案,有利于提高全社会对海洋灾害风险防范意识和能力。

(2)应急专家体系

各应急管理机构建立各类专业人才库,可以根据实际需要聘请有关专家组成专家组,为海洋灾害应急管理提供决策建议,必要时参加突发公共事件的应急处置工作。海洋灾害应急管理专家组成员应包括:海洋、气象、环保、卫生及健康、工程、应急救援、公共安全、财政、风险评估、灾害管理、应急管理等各方面的专家,形成分级分类、覆盖全面的应急专家信息网络。完善专家参与预警、指挥、救援、救治和恢复重建等海洋灾害应急咨询工作机制,开展专家会商、研判、培训和演练等活动。

(3)应急救援体系

应建立起以综合性应急救援队伍为基础,海洋专业性应急救援队伍为骨干,沿海及涉海企事业单位专职或者兼职应急救援队伍为重要组成部分,志愿者救援队伍为补充,社会各方共同参与的海洋灾害应急救援体系。

10.1.4　建立海洋生态灾害应急信息共享平台

海洋灾害风险管理体系的技术支撑是建立大型信息共享平台。无论是灾前备灾,还是灾时应急,抑或灾后恢复重建,从战略规划到组织实施、从制定计划到选择方案、从应急决策到现场指挥、从资源调度到工程建设等,都需要准确、及时的现时与历史的涉灾信息,缺乏充足信息的灾害风险管理决策,后果将是灾难性的[166]。因此,必须建立跨部门、跨领域、跨学科的灾害风险管理信息共享平台,一方面从技术层面解决不同涉灾部门的整合问题，借助技术手段实现资源共享；另一方面解决灾害管理部门与专业部门之间的横向协调问题，在共享信息平台上实现灾害风险管理的协同与配合。开发构建"基于减灾战略实施的技术和信息共享平台"，该平台设置应包括：经过严格筛选的实用减灾技术、减灾科学知识，满足灾前备灾、灾中应急和灾后恢复与重建所需的各种实时涉灾信息的获取技术等内容，其主要功能包括：一是实现不同专业灾害评估管理部门之间的信息共享以及专业部门与综合部门之间的信息共享[167]；二是为实现灾害风险评估管理信息公开化服务，使政府部门的灾害风险评估管理受到社会的监督；三是帮助公众了解灾害风险信息，并积极参与灾害风险管理。

10.1.5　建立海洋生态灾害应急法律保障

进一步细化山东省蓝色经济区海洋灾害应急管理法律体系，扩大海洋灾害应急法律体系的覆盖范围，将海洋灾害应急管理各个方面纳入法制化轨道。首先要加快海洋灾害应急法制建设进程，尤其要在重要领域加快海洋灾害应急法制立法进程，填补立法上的空缺；其次要系统清理现有海洋灾害应急法律制度，要及时修改和补充相关法律，从根本上消除立法矛盾和冲突，使海洋灾害应急法律规范之间不能有效协调统一的问题得以解决，最终实现海洋灾害应急法律制度的协调统一。应尽快出台与山东蓝色经济区赤潮、绿潮、溢油灾害相对应的"海洋灾害发布标准"、"海洋灾害经济损失评估标准"、"海洋灾害防御条例"。明确各级政府和有关部门在海洋灾害防御中的职责和义务，从法律法规上规范和强化海洋灾害防御规划、海洋灾害预警信息发布、海洋灾害应急响应、重大工程设计建设和沿海经济发展规划，使我国的海洋防灾减灾工作走上依法行政、依法管理的法制化和规范化道路[168]。

10.1.6　建立海洋生态灾害应急资金保障

加大山东蓝色经济区海洋防灾减灾资金投入力度。各级人民政府要根据海洋防灾减灾工作需要和财力可能,加大投入,并按照有关规定纳入各级财政预算;各级涉海经济、社会发展项目应将防灾减灾内容纳入项目总体计划,一并安排和落实建设资金,同步实施[169];开辟重大自然灾害的商业保险和社会融资;鼓励公民和企业参加保险,充分发挥保险对灾害损失的经济补偿和转移分担功能;广泛动员社会力量,多渠道筹集减灾资金,开展社会捐助和互助互济活动。

10.1.7　建立海洋生态灾害应急物流体系

建立山东半岛海洋生态灾害应急物流体系。具体包括建立海洋灾害应急物流保障机制(政策法规保障)、海洋灾害应急物资储备中心(物资保障)、海洋灾害应急物流指挥中心(指挥保障)、海洋灾害应急物流技术支持平台(技术保障)、海洋灾害应急物流中心(运输保障)组成的海洋灾害应急管理物流体系。从而实现根据各地区频发灾害的实际情况,合理储备救灾物资,应急物资快速、及时、准确地到达,应急保障措施不断更新,应急系统高效运转。

10.1.8　建立海洋生态灾害应急教育体系

建立山东半岛海洋生态灾害的教育体系,开展全民风险意识教育。首先,将海洋生态灾害风险知识和应对技能作为学校学生素质教育的重要组成部分,从社会的基础层次提高海洋生态灾害风险防范意识和能力[170]。其次,把风险管理教育和培训纳入政府官员和公共管理人员的培训之中,指导他们决定沿海重大工程项目、实施重大公共政策等政务活动时，必须树立风险意识，防止决策失误导致的海洋经济损失[171]。最后，利用多种形式对社会公众进行海洋生态灾害风险防范知识和技能的传播教育，借鉴日本开展全民防灾教育的经验，着力提高公众的海洋灾害风险意识和避险技能，为提高全社会的海洋灾害风险防范能力奠定坚实的社会基础。

10.1.9　建立海洋生态灾害应急合作机制

加强山东半岛蓝色经济区应急合作机制，不仅包括半岛内地市之间的合作，还包括省级之间的合作，甚至扩展到国与国之间的合作。建立健全海洋防灾减灾领域、应急机构以及应急援助等方面的交流与合作机制；积极借鉴国内外海洋防灾减灾的先进做法和经验，积极参与国内和国际重大海洋防灾减灾方面的研究计划或项目，学习、引进国外海洋生态灾害防灾减灾先进技术，提高山东半岛海洋生态灾害防灾减灾技术水平。

10.2　海洋生态灾害发生过程实施对策

10.2.1　理性分析灾害进展情况

海洋生态灾害发生后，山东省海洋灾害监测办准确评估灾害情况，根据灾情确定应急工作优先次序，区分应急各项事宜的轻重缓急，按梯次启动灾害应急预案，应急响应紧张有序，做到从实际出发，保证重点，统筹兼顾[172]。应对以下几个因素做出及时、准确的分析：一是灾害源，即导致灾害发生的直接致灾因子；二是应急管理的优势与不足，有针对性地找准应急管理的切入点，抓好关键环节；三是利益相关者，即受到灾害影响的居民群体，科学评估受灾范围；四是信息传播者，即灾害中可传播对应急管理有害或有益信息的群体或组织；五是可供选择的方案，通过对以上内容的评估，启动应急预案中相关的应急措施。

10.2.2　及时控制预测灾害局面

海洋生态灾害发生后，省政府行政首长以及应急管理部门必须在第一时间赶到受灾现场采取果断措施，及时查清灾害源头、影响范围，广泛动员一线工作人员、控制灾区局势、寻找因灾伤亡人员、安抚受灾群众、迅速恢复社会秩序。采取应急管理措施在必要时可突破预案的规定。任何完备详尽的预案都不可能完全符合以后的事件发展与变化。在海洋生态灾害应急管理过程中，必须根据事件的最新发展，决定所要采取的措施，而不能只拘泥于预案的规定。

10.2.3　科学调度应急救援队伍

迅速组建以部队、公安队伍等为骨干，各类专业抢险抢修队为主体的应急救援组织，广泛吸纳各类群众团体组织和社会志愿者组织协助开展抢险救援工作，形成多元化的应急救援抢险网络[173]。在接到灾害信息后，海洋灾害应急救援队伍应迅速赶往现场，成立现场指挥部，负责现场指挥和技术层面的处置，确保救援行动快速、准确、通畅。

10.2.4　应急指挥中心积极响应

海洋生态灾害应急指挥中心负责协调整个应急活动。进入应急指挥中心工作的官员数量，由中心主管根据事件危害的严重程度来确定，对于一般事件，由几个与所发生事件主要相关政府部门的官员一起协调解决；如果事件严重，危害较大，所有相关政府部门负责紧急事件的官员，都集中到海洋灾害应急指挥中心，应包括:行政首长以及海洋、公安、消防、医疗、卫生、交通、通讯、财政、市政(电力、供水、供气、供热等)等各方面的官员及有关大企业的主管,集中讨论决定如何处置,共同应对此灾害。

10.2.5 信息公开共享和舆论引导

建立山东半岛公开、顺畅、权威的沟通渠道,及时、准确地将灾害真相公之于众。提高政府工作的透明度,维护公众的知情权,增强应急管理的公信力,提高政府形象,增强媒体和群众对灾害应急管理工作的理解和支持。

10.2.6 各应急主体协调联动机制

首先,政府内部各部门之间,责任明确,各司其职,通过横向与纵向对接机制,使人力、财力、物力以及信息等各种资源共享,各部门间协调对接,实现有效联动响应,提高海洋生态灾害应急综合管理水平;其次,充分发挥社会组织在海洋生态灾害应急响应中的作用,破除社会参与的制度性障碍,通过政府与社会组织之间无缝隙的对接机制,使公众及社会组织积极响应政府号召,参与到海洋灾害应急管理中来,实现政府与社会组织的协调联动;最后,各级政府应积极做好群众动员工作,增强社会凝聚力,通过各种信息传播渠道号召更多的志愿者参与到灾害防治工作中,实现政府与社会公众的有效联动。

10.3 海洋生态灾害发生后实施对策

10.3.1 建立海洋生态灾害恢复重建工作

按照以人为本的原则,对受到灾害影响的群众,妥善予以安置。灾后恢复重建工作具体包括:认真做好受灾群众的安置工作;组织群众积极自救互救、互帮互助;科学制定重建计划,落实重建责任;下拨灾民生活应急资金,解决灾民生活问题,减轻灾害损失;积极有效地开展受灾地区环境修复工作。

第一,建立健全受害群众援助制度,最大限度地降低灾害的社会影响。稳定民众情绪,妥善安置灾民,确保灾民及时、充足地获得各类生活必需品,保持灾民生活区良好环境。完善受灾民众补助金发放机制,使灾害救济工作更加人性化,保证社会公平。

第二,及时做好疫病防治和环境污染消除工作,确保群众的身心健康和生存环境得到一定程度的改善。赤潮、绿潮、溢油灾害对居民的生存环境具有较大的破坏性,对水质、空气质量、水产生物健康状况都有负面影响,因此,必须集中力量首先开展对供水、排污、垃圾处理设施的整修,加大灾后环境恢复工作的投入,保证灾后无疫情出现,同时,对受灾地区水产品加强监督检查力度,避免受污染水产品进入市场。

第三,开展受灾地区环境修复工作,合理规划海洋开发区,严格控制沿海地区社会经济活动对海洋环境带来的污染与破坏,加强河流入海口以及河流上游排污达标监管力度,提高受灾海域生态系统的整体自我调整和恢复能力,改善海水环境质量,提高生物群落健康指数,在发展海洋经济的过程中对海洋资源进行保护性开发,实现海洋生态系统的健康稳定,进而有效减少赤潮、绿潮和溢油等海洋灾害的发生频率。

第四,尽快恢复社会秩序,严厉打击灾害过程中和灾后的犯罪行为,保护灾区民众生命财产安全。在灾害应急管理中,应急部门经授权获得超过平时的行政权力。灾害结束后,依照法律规定,使应急管理各部门尽快从应急管理的非常态平稳转换到常态管理。既要保证应急管理各项后续工作的顺利开展,又要在最短时间内重新恢复正常的社会秩序。

10.3.2　建立海洋生态灾害管理评估体系

对海洋生态灾害应急管理的各方面进行回顾和评价，其核心是测量评估应急管理的效果。主要内容包括：对应急管理流程的分阶段检查，归纳灾害事件起因、性质、影响等特点，查找准备、预报、预警、应急、处置、恢复等各阶段管理中存在的问题，客观评价应急管理体制、机制的运行效果，客观评价海洋灾害应急管理是否高效、科学，总结海洋生态灾害管理经验和教训，提出新的预案修正意见。科学的评估体系需要从三个视角来测量应急管理的效果。

一是在应急管理工作人员进行绩效评价时，应将个人与组织团体相区分，作为独立的维度来测量，以便发现应急管理组织成员的个体差距以及团队结构上的不足；二是应按照应急管理的各阶段来分别评估，发现应急管理组织和应急管理预案在灾害管理不同阶段的实施效果，便于有针对性地查找不同阶段存在的问题；三是着重从应急管理体制、应急管理理念、工作人员素质和作风上找出差距，发现应急管理体制上的优势和弊端。通过对灾害应急管理进行科学评估，制定并实施有效的改革意见，有针对性地弥补灾害管理中出现的不足与漏洞，使山东半岛蓝色经济区赤潮、绿潮、溢油灾害应急管理体系更加完善、有效。

灾后评估工作结束后，应将总结的经验教训形成文字材料，即评估报告。评估报告应包括以下几个方面的内容：一是灾害性质，即灾害发生原因以及灾害影响等；二是应急管理机构的灾害回应速度、应急效率情况；三是应急预案对灾害处置的效果，是否达到预期；四是现行的应急管理机制是否顺畅、高效；五是全面评估灾害损失的后果，做好相关的资料存档工作。

10.3.3　建立海洋生态灾害责任追究机制

为了吸取教训，避免在以后的海洋灾害应急管理中出现类似问题事件而造成更大的经济损失和政治损失,必须严格落实责任追究机制。责任追究机制应落实到灾害应急管理的各个环节,既包括灾害发生时的应急治理工作,也包括灾前监测预防预警预报工作和灾后重建工作,例如,发生灾害事件后,及时准确地通过各种权威媒体向公众进行信息披露,让公众了解事件真相,避免误信谣传引起恐慌。对于在信息披露中存在迟报、瞒报、漏报甚至玩忽职守、推诿扯皮的,必须依法对有关责任人给予行政处分,构成犯罪的要依法追究其刑事责任。在灾害持续处置和灾后恢复阶段,要理清政府、非政府组织和民众在应急管理中的职权与责任,要积极鼓励非政府组织和民众积极参与到应急管理中来,但是也要避免非政府组织和民众的自利行为,对危害社会和国家安全的团体和个人,要依法追究责任;对于在应急工作中作出突出贡献的先进集体和个人,要给予表彰和奖励。

责任追究制必须在完善的应急管理绩效评估机制基础上开展,必须根据灾害特点和当地实际,实事求是地评估应急机构和人员在应急管理中的效能和责任。根据绩效评估,确定对有关人员的奖惩。按照责权对应的原则,落实责任追究机制,强化应急管理组织和人员的法制意识、责任意识,增强其责任感、危机感、紧迫感,使问责机制贯穿于海洋灾害应急管理流程的各个环节,切实提升海洋灾害应急管理效能。

10.4　本章小结

本章论述了山东省海洋生态灾害应急管理实施的对策。根据海洋生态灾害发生的周期性,可以分为海洋生态灾害发生前、海洋生态灾害发生时和海洋生态灾害发生后的应急对策。尽管海洋生态灾害具有其复杂性和突发性,但是,如果从每个环节做好应急管理,根据应急流程,每个应急主体做好自己的职责,就会最大可能地减少其对环境和经济造成的损害。

参考文献

[1]国家海洋局 908 专项办公室.海洋灾害调查技术规程[M].北京:海洋出版社,2006.

[2]楚泽涵,李锋.自然灾害:认识和减灾[M].北京:中国石油大学出版社,2010.

[3]高振会,赵冬至,崔文林.赤潮重点监控区监控预警系统论文集[C].北京:海洋出版社,2008.

[4]黄韦艮,丁德文.赤潮灾害预报机理与技术[M].北京:海洋出版社,2004.

[5]温蕴杰.科学减灾:灾害应急管理与非工程减灾[M].北京:中国城市出版社,2011.

[6]王金辉,黄秀清.具齿原甲藻的生态特征及赤潮成因浅析[J].应用生态学报,2003(7):39—43.

[7]戎昌第.防治溢油污染环境技术概论[M].北京:石油工业出版社,1992.

[8]Morand P,Merceron M.Coastal eutrophication and excessive growth of macroalgae [J].Recent Research Developments in Environmental Biology,2004,1(2):395—449.

[9]Callow M E,Callow J A,Pickett-Heaps J D,et al. Primary adhesion of Enteromorpha Chlorophyta, Ulvales propagules:Quantitative settlement studies and videomicroscopy [J].Journal of Phycology,1997,33(6):938—947.

[10]Raffaelli D,Raven J,Polle L.Ecological impact of greenmacroalg-al blooms[J].Oceanography and Marine Biology,1998,36:97

—125.

[11]Taylor R.The green tide threat in the UK—a brief overview with particular reference to langstone harbour, south coast of England and the Ythan estuaty, east coast of Scotland [J].Botanical Journal of Scotland, 1999, 51:195—295.

[12] Hernandez I, Peralta G, Perez-Llorens J L, et al. Biomass and dynamics of growth of Ulva species on Palmones River estuary [J].Journal of Phycology, 1997, 33:764—772.

[13]Kim H G.Recent harmful algal blooms and mitigation strategies in Korea [J].Ocean Research, 1997, 19:185—192.

[14]Qi Y, Zhang Z, Hong Y, et al.Occurrence of red tides on the coasts of China [J].Toxic Phytoplankton Blooms Sea, 1993, 3:43—46.

[15]陈安,上官艳秋,倪慧荟.现代应急管理体制设计研究[J].中国行政管理,2008(8):81—85.

[16]宋英华.应急管理科技创新体系构建研究[J].科学学与科学技术管理,2009(4):87—90.

[17]万鹏飞,于秀明.北京市应急管理体制的现状与对策分析[J].公共管理评论,2006(4):41—65.

[18]朱晓霞,韩晓明.对我国政府公共危机应急管理体系的系统分析[J].学术交流,2009(3):41—44.

[19]朱正威,张莹.发达国家公共安全管理机制比较及对我国的启示[J].西安交通大学学报(社会科学版),2006(2):46—49.

[20]邹逸江.国外应急管理体系的发展现状及经验启示[J].灾害学,2008(3):96—101.

[21]曹杰,杨晓光,汪寿阳.突发公共事件应急管理研究中的重要科学问题[J].公共管理学报,2007(4):84—127.

[22]张绪良.山东省海洋灾害及防治研究[J].海洋通报,2004,23(3):66—72.

[23]山东省海洋与渔业厅,山东省海洋预报台.山东省海洋

观测网总体建设方案(2010—2020年)[ZR].济南:山东省海洋与渔业厅,2010.

[24]乐肯堂.我国风暴潮灾害及防灾减灾战略[J].海洋预报,2002,19(1):9—15.

[25]李培顺,袁本坤,刘清容,等.山东省沿海部分岸段防风暴潮警戒潮位核定报告[R].青岛:山东省海洋预报台,2007.

[26]王诗成."4.15"强风暴潮应对经验分析与对策建议[EB/OL].http://www.wangsc.com/wscwenzhang/ShowArticle.asp? ArticleID = 16924.

[27]鄂英杰.我国突发环境事件应急机制法治研究[D].东北林业大学,2009.

[28]邹铭,范一大,杨思全,等.自然灾害风险管理与预警体系[M].北京:科学出版社,2010.

[29]史培军.四论灾害系统研究的理论与实践[J].自然灾害学报,2005,14(6):1—7.

[30]赵昌文.应急管理与灾后重建:5·12汶川特大地震若干问题研究[M].北京:科学出版社,2011.

[31] Federal Response Plan(FRP)1999[EB/OL].http://fema.gov/Pdf/rrr/frp/.

[32]计雷,池宏,陈安,等.突发事件应急管理[M].北京:高等教育出版社,2006.

[33]詹姆士·米切尔.美国的灾害管理政策和协调机制[M].北京:中国社会出版社,2005.

[34] Wayne Blanchard B, Lucien G, Canton, Carol L. Cwiak,etc.Principles of Emergency Management[J].Working Paper,2007—9—11.

[35]陈安,赵燕.我国应急管理的进展与趋势[J].安全,2007(03):1—5.

[36]闪淳昌,张彦通,胡象明,等.应急管理:中国特色的运行模式与实践[M].北京:北京师范大学出版社,2011.

[37]刘燕华.加强综合风险管理研究推进综合风险管理的实施[J].自然灾害学报,2007,16(21):14—16.

[38]孔令栋,马奔.突发公共事件应急管理[M].济南:山东大学出版社,2011.

[39]李宁,吴吉东.自然灾害应急管理导论[M].北京:北京大学出版社,2011.

[40]孙云潭.中国海洋灾害应急管理研究[M].北京:中国海洋大学出版社,2010.

[41]刘铁民.应急体系建设和应急预案编制[M].北京:企业出版社,2004.

[42]游志斌.美日应急管理体系比较[J].中国减灾,2005(8):42—43.

[43]高小平.综合化政府应急管理体制改革的方向[J].行政论坛,2007(2):24—30.

[44]齐平.我国海洋灾害应急管理研究[J].海洋环境科学,2006,25(4):81—87.

[45]蒋衍.21世纪突发事件应急管理面临的挑战[J].经济师,2007(1):12—13.

[46]邹逸江.国外应急管理体系的发展现状及经验启示[J].灾害学,2008,23(1):96—101.

[47]游志斌.美日应急管理体系比较[J].中国减灾,2005(8):42—43.

[48]时训先,蒋仲安,邓云峰,等.重大事故应急救援法律法规体系建设[J].中国安全科学学报,2004,14(12):45—48.

[49]王振耀,田小红.中国自然灾害应急救助管理的基本体系[J].经济社会体制比较,2006(5):25—34.

[50]吴新燕.城市地震灾害风险分析与应急准备能力评价体系的研究[D].中国地震局地球物理研究所,2006.

[51]齐平.我国海洋灾害应急管理研究[J].海洋环境科学,2006,25(4):81—87.

［52］柯菌.我国自然灾害管理与救助体系研究［M］.武汉：武汉科技大学，2007.

［53］杨亚非.论国家经济安全与我国自然灾害救助应急体系建设［J］.经济与社会发展，2009，7(11)：1—9.

［54］Hallegraeff G M. A review of harmful algal blooms and their apparent global increase［J］.Phycologia，1993，32(2)：79—99.

［55］Horner R A，Garrison D L，Plumley F G.Harmful algal blooms and red tide problems on the U.S.west coast［J］.Limnology and Oceanography，1997，42(5)：1076—1088.

［56］Smayda T J，Reynolds CS. Community assembly inmarine phyto-plankton：Application or recent models to harmful dinoflagellate bloom［J］.Journal of Plankton Research，2001，23(5)：447—461.

［57］潘克厚，姜广信.有害藻华(HAB)的发生、生态学影响和对策［J］.中国海洋大学学报，2004，34(5)：781—786.

［58］苏纪兰.中国的赤潮研究［J］.中国科学院院刊，2001(5)：339—342.

［59］钟开斌.风险治理与政府应急管理流程优化［M］.北京：北京大学出版社，2011.

［60］丛丕福，张丰收，曲丽梅.赤潮灾害监测预报研究综述［J］.灾害学，2008，23(2)：127—130.

［61］林凤翱，关春江，卢兴旺.近年来全国赤潮监控工作的成效以及存在问题与建议［J］.海洋环境科学，2010，29(1)：148—151.

［62］Tang D L，Kester D R，et al.In situ and satellite observations of a harmful algal bloom and water condition at the Pearl River estuary in late autumn 1998［J］.Harmful Algal，2003(2)：89—99.

［63］曾江宁，曾淦宁，黄韦艮，等.赤潮影响因素研究进展［J］.东海海洋，2004，22(2)：40—47.

［64］颜天，周名江，钱培元.赤潮异弯藻 Heterosigma

akashiwo 的生长特性[J].海洋与湖沼,2002,33(2):209－213.

[65]丁德文,刘胜浩,刘晨临,等.孢囊及其与赤潮暴发关系的研究进展[J].海洋科学进展,2005,23(1):1－10.

[66]张秀芳,刘永健.东海原甲藻 Prorocentrum donghaiense Lu 生物学研究进展[J].生态环境,2007,16(3):1053－1057.

[67]徐宁,齐雨藻,陈菊芳,等.球形棕囊藻(Phaeocystis Globosa Scherffel)赤潮成因分析[J].环境科学学报,2003,21(1):113－118.

[68]赵冬至,赵玲,张丰收.我国海域赤潮灾害的类型、分布与变化趋势[J].海洋环境科学,2003,22(3):7－11.

[69]吴瑞贞,马毅.近 20a 南海赤潮的时空分布特征及原因分析[J].海洋环境科学,2008,27(1):30－32.

[70]Eppley R W.Temperature and phytoplankton growth in the sea[J].Fish.Bull.1972,70:1063－1085.

[71]Goldman J C,Carpenter E J.A kinetic approach to the effect of temperature on algal growth[J].Limnol.Oceanogr.1974,19:756－766.

[72]邹景忠,王克行.我国赤潮灾害研究的新进展[A].海洋环境监测文集[C].北京:海洋出版社,1995.

[73]周成旭,汪飞雄,严小军.温度盐度和光照条件对赤潮异湾藻细胞稳定性的影响[J].海洋环境科学,2008,27(1):17－24.

[74]赵冬至,赵玲,张丰收.赤潮海水温度预报方法研究[A].赤潮灾害预报机理与技术[C].北京:海洋出版社,2004.

[75]王丽卿,张军毅,王旭晨,等.淀山湖水体叶绿素 a 与水质因子的多元分析[J].上海水产大学学报,2008,17(1):58－64.

[76]邹景忠,董丽萍,秦保平.渤海湾富营养化和赤潮问题的初步探讨[J].海洋环境科学,1983,2(2):41－54.

[77]矫晓阳.叶绿素 a 预报原理探索[J].海洋预报,2004,21(2):56－63.

[78]矫晓阳.透明度作为赤潮预警监测参数的初步研究[J].

海洋环境科学,2001,20(1):27－31.

[79]廉双喜.赤潮监测和预报的构想[J].海洋技术,2006,21(2):74－77.

[80]曹婧,张传松,王江涛.2006 年春季东海近海海域赤潮高发区溶解态营养盐的时空分布[J].海洋环境科学,2009,28(6):643－647.

[81]Ikegami S,Imai I,Kato J.Chemo tax is toward inorganic phosphate in the red tide alga Chattonella antique [J].J.Plankton Res.,1995,17(7):1587－1591.

[82]陈慈美,周慈由,郑爱榕,等.中肋骨条藻增殖的环境制约作用——Fe 与 N、Mn、光、温交互作用对藻生化组成的效应[J].海洋通报,1996,15(2):37－42.

[83]王正方,张庆,吕海燕,等.长江口溶解氧赤潮预报简易模式[J].海洋学报,2000,22(4):125－129.

[84]林祖享,梁舜华.探讨运用多元回归分析预报赤潮[J].海洋环境科学,2002,21(3):1－4.

[85]林祖享,梁舜华.探讨影响赤潮的物理因子及其预报[J].海洋环境科学,2002,21(2):1－5.

[86]王惠卿.大连湾海域赤潮生物特征研究[J].中国环境科学,1989(1):1－10.

[87]谢中华,王洪礼,史道济.运用混合回归模型预报赤潮[J].海洋技术,2004,23(1):32－39.

[88]周勇,刘凡,吴丹,等.湖泊水环境预测的原理与方法[J].长江流域资源与环境,1999,8(3):305－311.

[89]许勇,张鹰,刘吉堂.基于 Logistic 回归的海州湾赤潮环境要素阈值研究[J].海洋通报,2009,28(3):70－75.

[90]胡序朋,苏荣国,张传松,等.基于光谱相似性指数的赤潮藻荧光识别技术[J].中国激光,2008,35(1):115－119.

[91]杨秀环,唐宝英,吴京洪,等.柘林湾赤潮与 Fe、Mn、Se 和营养盐指数的关系[J].中山大学学报(自然科学版),2000,39(5):

58—62.

[92]Kibrstead H,Slobodkin L B.The size of watermasses containing plankton blooms[J].J Mar Res,1953(2):141—147.

[93]Wyatt T,Horwood J.Model which generates redtides [J].Nature,1973,244:238—240.

[94]王寿松,冯国灿,段美元,等.大鹏湾夜光藻赤潮的营养动力学模型[J].热带海洋,1997,16(1):1—6.

[95]乔方利,袁业立,朱明远,等.长江口海域赤潮生态动力学模型及赤潮控制因子研究[J].海洋与湖沼,2001,31(1):93—100.

[96]夏综万,于斌,史键辉,等.大鹏湾的赤潮生态仿真模型 [J].海洋与湖沼,1997,28(5):468—473.

[97]林荣根.海水富营养化水平评价方法浅析[J].海洋环境科学,1996,15(2):28—30.

[98]楼琇林,黄韦艮.基于人工神经网络的赤潮卫星遥感方法研究[J].遥感学报,2003,7(2):125—130.

[99]Yabunaka K,Hosomi M,Murakami A.Novel application of a back-propagation artificial neural net work model formulated to predict algal bloom[J].Water Science and Technology,1997,36:89—97.

[100]高强,宋玮,杜忠晓.基于T—S模糊神经网络的信息融合在赤潮预测预警中的应用[J].海洋技术,2006,25(2):103—106.

[101]Laanemets J,Lilover M J,Raudsepp U,et al.A fuzzy-logicmodel to describe the cyanobacteria Nodularia spumigena blooms in the Gulf of Finland,Baltic Sea[J].Hydrobiologia,2006,554:31—45.

[102]张承慧,钱振松,孙文星,等.基于IOWA算子的赤潮 LMBP神经网络组合预测模型[J].天津大学学报,2011,44(2):101—106.

[103]Lilover M J,Laanemets J.A simple tool for the early prediction of the cyanobacteria Nodularia spumigena bloom bio-

mass in the Gulf of Finland[J].Oceanologia,2006,48:213－229.

[104]田从华,邓义祥.我国赤潮的预测与控制研究现状[J].环境科学进展,1998,6(6):73－77.

[105]王崇,孔海南,王欣泽,等.有害藻华预警预测技术研究进展[J].应用生态学报,2009,20(11):2813－2819.

[106]Lee Z P, Carder K L. Absorption spectrum of phytoplanktonp igments derived from hyperspectral remote sensing reflectance[J].Remote Sensing of Environment,2004(89):361－368.

[107]丛丕福,赵冬至,曲丽梅.利用卫星遥感技术监测赤潮的研究[J].海洋技术,2001,20(4):69－72.

[108]Gower J F R.Red Tide Monitoring Using AVHRR HRPT Imagery from a Local Receiver[J].Remote Sensing of Environment,1994,48(3):309－318.

[109] Ahn Yu-Hwan, Shanmugam Palanisamy, Ryu Joo-Hyunget a.l.Satellite Detection of Harmful Algal Bloom Occurrences in Korean Waters[J].Harmful Algae,2006,5(2):213－231.

[110]Cannizzaro J P,Carder K L,Chen F,et al.A Novel Technique for Detection of the Toxic Dinoflagellate,Karenia Brevis,in the Gulf of Mexico from Remotely Sensed Ocean Color Data[J].Continental Shelf Research,2008,28(1):137－158.

[111]王其茂,马超飞,唐军武,等.EOS/MODIS遥感资料探测海洋赤潮信息方法[J].遥感技术与应用,2006,(1):6－10.

[112]李继龙,唐援军,郑嘉淦,等.利用MODIS遥感数据探测长江口及邻近海域赤潮初步研究[J].海洋渔业,2007,(1):25－30.

[113]Craig S E,Lohrenz S E,Lee Z.Use of hyperspectral remote sensing reflectance for detection and assessment of the harmful alga,Karenia brevis[J].Applied Optics,2006,45(21):5414－5425.

[114]毛显谋,黄韦艮.赤潮遥感监测[R].海洋水产养殖区赤潮监测及其短期预报试验性研究项目赤潮遥感研究报告,1998.

[115]丘仲锋,崔廷伟,何宜军.基于水体光谱特性的赤潮分布信息 MODIS 遥感提取[J].光谱学与光谱分析,2011,31(8):2233—2237.

[116]赵冬至,张丰收,赵玲,等.近岸海域叶绿素和赤潮的 AVHRR 波段比值探测方法研究[J].海洋环境科学,2003,23(4):9—12.

[117]崔廷伟,张杰,马毅,等.赤潮光谱特征及其形成机制[J].光谱学与光谱分析,2006,26(5):884—886.

[118]张涛,苏奋振,杨晓梅,等.MODIS 遥感数据提取赤潮信息方法与应用:以珠江口为例[J].地球信息科学学报,2009,11(2):244—249.

[119]赵冬至.中国典型海域赤潮灾害发生规律[M].北京:海洋出版社,2010.

[120]王崇,孔海南,王欣泽,等.有害藻华预警预测技术研究进展[J].应用生态学报,2009,20(11):2813—2819.

[121]张水浸,杨清良,邱辉煌,等.赤潮及其防治对策.北京:海洋出版社,1994.

[122]华泽爱.赤潮灾害[M].北京:海洋出版社,1994.

[123]商文,杨维东,李丽璇,等.杉木粉对两种赤潮藻去除的试验研究[J].海洋环境科学,2009,28(4):371—373.

[124]富田幸雄.赤潮处理方法[P].日本特许公报,JP 昭 59—97206,1983.

[125]藤伊正.赤潮の防治方法[P].日本特许公报,JP 平 1—146802,1989.

[126]大须贺龟丸.赤潮处理剂ぉよひの制造方法[P].日本公开特许公报,JP 昭 59—97206,1983.

[127]奥田庚二.赤潮沉淀法[P].日本特许公报,JP 平 1—285134,1989.JP 平 2—86888,1990.

[128] Yu Zhiming, Song Xiuxian, Zhang Bo, et al. The research of clay surfacemodification effect on red tide creature

flocculation [J].Journal of Science,1997,44(3):116－118.

[129]赵冬至.中国典型海域赤潮灾害发生规律[M].北京:海洋出版社,2010.

[130]古中博,潘克厚,林洪.赤潮治理的技术、经济生态效益评价及分析研究[J].中国渔业经济,2010,28(1):91－98.

[131]杨宇峰,费修绠.大型海藻对富营养化海水养殖区生物修复的研究与展望[J].青岛海洋大学学报(自然科学版),2003,33(1):53－57.

[132]毕远溥,李润寅,宋辛,等.赤潮及其防治途径[J].水产科学,2001,20(3):31－32.

[133]朱小兵,向军俭.赤潮藻毒素检测研究进展[J].暨南大学学报(自然科学版),2002,23(5):110－115.

[134]陈振明.中国应急管理的兴起:理论与实践的进展[J].东南学术,2010(1):41－47.

[135]张绪良.山东省海洋灾害及防治研究[J].海洋通报,2004,23(3):66－72.

[136]齐平.我国海洋灾害应急管理研究[J].海洋环境科学,2006,25(4):81－84.

[137]赵聪蛟,宋琍琍,余骏.浙江省2000—2010年海洋生态灾害概况及防灾对策[J].海洋开发与管理,2012(11):62－66.

[138]高惠瑛,莫善军,陈天恩.青岛市海况与海洋灾害应急信息管理系统研究[J].自然灾害学报,2004,13(4):88－92.

[139]丁钟哲.利用卫星资料和 GIS 的赤潮空间分析[J].黑龙江八一农垦大学学报,2005,17(6):76－80.

[140]孙云潭,于会娟.我国海洋灾害应急管理体系概述[J].中国渔业经济,2010,28(1):47－52.

[141]孙悦民.美国海洋资源政策建设的经验及启示[J].海洋信息,2012(6):53－57.

[142]姜旭朝,王静.美日欧最新海洋经济政策动向及其对中国的启示[J].中国渔业经济,2009,27 (2):22－28.

[143]中国安全生产科学研究院.中国安全生产科学研究院赴美考察团美国的应急管理体系(上)[J].劳动保护,2006(5):90—92.

[144]闪淳昌,张彦通,胡象明,等.应急管理:中国特色的运行模式与实践[M].北京:北京师范大学出版社,2011.

[145]晏清,袁平红.英国海洋可再生能源发展及其对中国的启示[J].企业经济,2012,385(9):114—118.

[146]胡杰.海权危机背景下的英国海洋战略理论[J].中国海洋大学学报(社会科学版),2012(4):59—62.

[147]郭济.中央和大城市政府应急机制建设[M].北京:中国人民大学出版社,2005.

[148]徐嘉蕾,李悦铮.日本海洋经济经营管理模式、特点及启示[J].海洋开发与管理,2010,27(9):67—69.

[149]姜雅.日本的海洋管理体制及其发展趋势[J].国土资源情报,2010(2):7—10.

[150]王德迅.日本危机管理体制的演进及其特点[J].国际经济评论,2007(4):47—49.

[151]姚国章.日本突发公共事件应急管理体系解析[J].电子政务,2007(7):60.

[152]傅世春.日本应急管理体制的特点[J].党政论坛,2009(4):2.

[153]顾林生.东京大城市防灾应急管理体系及启示[J].防灾技术高等专科学校学报,2005(6):7.

[154]黄典剑,李传贵.国外应急管理法制若干问题初探[J].职业卫生与应急救援,2008(2):3.

[155]郭渐强,霍晓娣.俄罗斯公共危机管理机制的特点及其对我国的启示[J].行政与法,2009(1):11.

[156]姚国章.典型国家突发公共事件应急管理体系及其借鉴[J].南京审计学院学报,2006(5):5—9.

[157]邹逸江.国外应急管理体系的发展现状及经验启示[J].灾害学,2008(3):98.

[158]熊文美.美日俄中四国地震医疗救援应急管理比较[J].中国循证医学杂志,2008(8):569.

[159]黄帝荣.论我国灾害救助制度的缺陷及其完善[J].湖南科技大学学报(社会科学版),2010,13(2):86−89.

[160]陈适宜.构建我国重大灾害应急救助机制的初步设想[J].重庆科技学院学报(社会科学版),2010(7):100−101.

[161]倪芬.俄罗斯政府危机管理机制的经验与启示[J].行政论坛,2004(11):89−90.

[162]游志斌.当代国际救灾体系比较研究[D].中共中央党校,2006.

[163]郭明霞,扶庆松.国外灾害社会救助制度对中国的启示[J].社科纵横,2009,24(4):56−58.

[164]张方俭,费立淑.我国的海冰灾害及其防御[J].海洋通报,1994,13(5):75−83.

[165]刘钦政,黄嘉佑,白珊,等.渤海冬季海冰气候变异的成因分析[J].海洋学报,2004,26(2):11−19.

[166]李剑,黄嘉佑,刘钦政.黄、渤海海冰长期变化特征分析[J].海洋预报,2005,22(2):22−32.

[167]李志军,严德成.海冰对海上结构物的潜在破坏方式和减灾措施[J].海洋环境科学,1991,10(3):71−75.

[168]付博新,宋向群,郭子坚,等.海冰对港口作业的影响及应对措施[J].水道港口,2007,28(6):444−447.

[169]钟开斌."一案三制":中国应急管理体系建设的基本框架[J].南京社会科学,2009(11):77−83.

[170]史培军.二论灾害研究的理论与实践[J].自然灾害学报,2002,11(3):1−9.

[171]杨华庭.近十年来的海洋灾害与减灾[J].海洋预报,2002,19(1):2−8.

[172]汪兆椿,李茂和.形形色色的海洋灾害[M].北京:商务印书馆,2001.